油气藏型地下储气库
钻采工艺技术

金根泰 李国韬 主编

石油工业出版社

内 容 提 要

本书结合国内外储气库技术发展现状和趋势,对油气藏型地下储气库钻井工程、注采工程以及老井处理工程进行了系统研究和详细论述,重点介绍了建设油气藏型地下储气库的钻采工程配套技术,为今后油气藏型地下储气库的建设提供了可靠的理论依据和技术保障。本书既有理论叙述,又配有实例说明。

本书可供油气田从事地下储气库研究工作的技术人员、科研院所研究人员以及大专院校相关专业的师生参考使用。

图书在版编目(CIP)数据

油气藏型地下储气库钻采工艺技术/金根泰,李国韬主编.—北京:石油工业出版社,2015.10

ISBN 978-7-5183-0893-4

Ⅰ. 油…

Ⅱ. 金…

Ⅲ. 地下储气库-天然气开采

Ⅳ. TE822

中国版本图书馆 CIP 数据核字(2015)第 234181 号

出版发行:石油工业出版社

（北京安定门外安华里2区1号　100011）

网　　址:www.petropub.com

编辑部:(010)64523583　图书营销中心:(010)64523633

经　　销:全国新华书店

印　　刷:北京中石油彩色印刷有限责任公司

2015年10月第1版　2021年1月第2次印刷

787×1092毫米　开本:1/16　印张:11

字数:190千字

定价:46.00元

(如出现印装质量问题,我社图书营销中心负责调换)

版权所有,翻印必究

《油气藏型地下储气库钻采工艺技术》
编 委 会

主　编：金根泰　李国韬
副主编：申瑞臣　刘在同　代晋光　袁光杰
成　员：（以姓氏笔画为序）
　　　　于永生　王立辉　王育新　申君宝　朱广海
　　　　刘　贺　庄晓谦　杨小平　邹小萍　宋桂华
　　　　何爱国　张　强　李景翠　班凡生　夏　炎
　　　　曹作为　董胜伟　董胜祥　路立君　蓝海峰

前　　言

　　随着国家对空气质量和环境保护工作的日益重视，天然气作为一种清洁能源受到了广泛重视。根据我国天然气产地分布、用气结构、供气状况的特点，建设地下储气库势在必行。地下储气库是一种用于存储天然气的地下地质构造，它作为天然气长输管道的重要组成部分，主要起到平衡目标市场用气冬夏季节差异的作用，同时对优化长输管道运营效率、实现天然气的战略储备、提高能源安全保障都发挥着重要作用。此外，国际上一些能源公司凭借地下储气库的存储功能，利用冬夏季节天然气卖出与买入的价格差实现赢利。

　　地下储气库的密封性是关系到储气库安全的重要因素，其中钻采工程和老井处理工程是关系到储气库密封性的关键因素之一。地下储气库注采井钻采工程技术与常规气藏开发的生产井既有共同点，又有特殊性，储气库注采井应满足"周期性注采、压力变化频繁、使用寿命长、安全运行要求高"的特殊要求。因此，其设计思路、设计原则、技术路线、工艺参数都具有独特之处。

　　自1915年在加拿大安大略省建成了世界上第一座地下储气库以来，至2009年，世界上35个国家运营着各类地下储气库630座，总有效工作气量3524.81亿立方米。我国自2000年建成第一座大型城市调峰用地下储气库——大张坨地下储气库以来，在华北、东北、西南等地区及江苏、新疆、天津大港等地陆续建成地下储气库十余座，设计工作气量上百亿立方米。

　　中国石油集团钻井工艺技术研究院和大港油田钻采工艺研究院自1997年开展地下储气库建设技术研究起，有幸参与了国内所有油气藏型地下储气库钻采工程建设的设计、咨询以及实施工作，积累了丰富的经验。随着西气东输管道、陕京管道、中俄管道、中缅管道等长距离输气管道的陆续建设，对地下储气库工程的需求日益紧迫。为适应储气库建设发展的需要，中国石油集团钻井工程技术研究院和大港油田钻采工艺研究院的科研设计人员在历年实践工作的基础上，对国内油气藏型地下储气库钻采工艺技术进行了系统总结，集思广益，拙笔成书，以期为国内储气库发展尽一份心力。

  本书以设计工作内容为纽带，以不同储气库实用为例证，重点阐述了油气藏型地下储气库钻井工程、注采工程以及老井处理工程的设计重点、技术路线、技术要求及应用技术、现场效果等，可供从事地下储气库研究和设计的同仁参考。由于国内储气库发展历程尚短，加之作者水平有限，书中难免有疏漏或值得探讨之处，敬请业界同仁批评指正。

  值此书出版之际，向给我们提供了指导、帮助的中石油北京天然气管道公司和中石油西气东输管道公司储气库处的领导、同仁以及其他老专家、老领导表示诚挚的谢意！

编 者

2015 年 6 月

目　　录

第一章　绪论 …………………………………………………（ 1 ）
　第一节　地下储气库概述 …………………………………（ 1 ）
　　一、地下储气库发展简史 ………………………………（ 1 ）
　　二、地下储气库的用途 …………………………………（ 2 ）
　　三、地下储气库的类型 …………………………………（ 5 ）
　第二节　油气藏型地下储气库设计要点及主要技术术语 …（ 8 ）
　　一、设计要点 ……………………………………………（ 8 ）
　　二、主要技术术语 ………………………………………（ 9 ）
第二章　油气藏型地下储气库钻井工艺 ……………………（ 11 ）
　第一节　钻井工艺设计基本原则 …………………………（ 11 ）
　第二节　钻井方式及平台（井场）设计 …………………（ 12 ）
　　一、钻井方式 ……………………………………………（ 12 ）
　　二、平台（井场）设计 …………………………………（ 13 ）
　第三节　井身剖面设计及井眼轨迹控制 …………………（ 16 ）
　　一、井身剖面设计 ………………………………………（ 16 ）
　　二、井眼轨迹控制 ………………………………………（ 20 ）
　第四节　完井方法和井身结构设计 ………………………（ 23 ）
　　一、完井方法 ……………………………………………（ 23 ）
　　二、井身结构设计 ………………………………………（ 25 ）
　第五节　钻井液设计 ………………………………………（ 42 ）
　　一、钻井液体系优选 ……………………………………（ 43 ）
　　二、钻井液参数确定及性能维护 ………………………（ 48 ）
　　三、大港储气库钻井液应用效果 ………………………（ 51 ）
　第六节　固井设计 …………………………………………（ 54 ）
　　一、储气库注采井对固井质量的要求 …………………（ 54 ）

二、固井水泥浆性能参数及要求 ……………………………（55）
　　三、固井方式的选择 …………………………………………（57）
　　四、大港储气库固井设计实例 ………………………………（57）
　　五、固井方案实施效果 ………………………………………（61）
　第七节　完井材料工艺要求 ……………………………………（63）
　　一、套管柱的技术要求 ………………………………………（63）
　　二、螺纹的技术要求 …………………………………………（65）
　　三、套管头的技术要求 ………………………………………（75）

第三章　油气藏型地下储气库注采工艺 ……………………………（76）
　第一节　注采工艺设计基本原则 ………………………………（76）
　第二节　注采能力设计 …………………………………………（76）
　　一、单井注采能力优化 ………………………………………（77）
　　二、限制性流量计算 …………………………………………（82）
　　三、合理流量计算 ……………………………………………（86）
　第三节　注采工艺设计 …………………………………………（87）
　　一、注采完井工艺 ……………………………………………（87）
　　二、油管设计 …………………………………………………（90）
　　三、井下配套工具 ……………………………………………（92）
　　四、井口装置及安全控制系统 ………………………………（94）
　第四节　注采完井配套技术 ……………………………………（99）
　　一、地下储气库动态监测技术 ………………………………（100）
　　二、天然气水合物防治技术 …………………………………（104）
　　三、注采井油套环空保护技术 ………………………………（107）
　　四、气密封螺纹检测技术 ……………………………………（110）

第四章　油气藏型地下储气库储层保护技术 ………………………（112）
　第一节　储层保护技术设计原则 ………………………………（112）
　第二节　钻完井工程储层保护技术 ……………………………（112）
　　一、钻完井过程中储层伤害因素 ……………………………（112）
　　二、钻完井工程储层保护措施 ………………………………（117）
　　三、钻完井工程储层保护应用效果分析 ……………………（120）

第三节　修井作业储层保护技术 …………………………………（120）
　　一、修井作业过程中储层伤害因素 ………………………………（120）
　　二、修井作业储层保护措施 ………………………………………（121）
　　三、修井作业储层保护应用效果分析 ……………………………（130）

第五章　油气藏型储气库老井评价与处理技术 ………………（132）
第一节　老井评价与处理基本原则 ………………………………（132）
　　一、评价所需资料 …………………………………………………（132）
　　二、老井评价与处理基本原则 ……………………………………（133）
第二节　老井评价内容及方法 ……………………………………（134）
　　一、井眼轨迹复测 …………………………………………………（134）
　　二、管外水泥胶结质量评价 ………………………………………（135）
　　三、套管剩余强度评价 ……………………………………………（136）
　　四、套管承压能力评价 ……………………………………………（138）
第三节　老井封堵工艺技术 ………………………………………（139）
　　一、井筒封堵技术 …………………………………………………（139）
　　二、储层封堵技术 …………………………………………………（141）
　　三、环空封堵技术 …………………………………………………（151）
第四节　老井封堵工艺方法及参数优化 …………………………（152）
　　一、老井处理施工流程 ……………………………………………（152）
　　二、老井封堵施工工艺 ……………………………………………（153）
　　三、老井封堵施工步骤 ……………………………………………（154）
　　四、老井封堵工艺参数优化 ………………………………………（156）
第五节　储气库老井处理技术应用效果 …………………………（159）
　　一、老井基本情况 …………………………………………………（159）
　　二、老井处理分类 …………………………………………………（160）
　　三、老井封堵效果评价 ……………………………………………（160）

参考文献 ………………………………………………………………（164）

第一章 绪 论

第一节 地下储气库概述

20世纪初,随着天然气管线运输的发展,扩大了天然气的应用范围,同时用气不均衡的矛盾日渐突出,于是产生了建造储气库的必要性。

一、地下储气库发展简史

1915年,在加拿大安大略省利用枯竭气藏建成了世界上第一座储气库。1915—1916年间,在美国纽约州建成了第二座储气库,这个储气库一直工作至今,容积为$6200\times10^4\mathrm{m}^3$,第三座储气库于1919年建在肯塔基州,10年以后建成了第四座储气库。

1946年,在美国肯塔基州和印第安纳州交界处建成了世界上第一座含水层储气库,地层为埋藏在170m处的石灰岩层。该地层起初含有天然气工业储量,但在开采时全部水淹。真正在水压系统的地质圈闭中建造的水层储气库,是1953年建于芝加哥附近的赫舍尔储气库,该圈闭中不含油气。

利用盐层储藏的技术是德国人Erdol在1916年8月获得的专利,而世界上第一座盐丘或盐层储气库却是1959年在苏联建成的。其后该项技术在北美及欧洲推广,法国、德国、英国和丹麦等相继建成了盐穴储气库。截至2009年,世界上的74座盐穴储气库已建成总库容量为$229.42\times10^8\mathrm{m}^3$,工作气量为$161.98\times10^8\mathrm{m}^3$,工作气量占库容量的70.6%。

美国于1961年在密歇根州首次利用盐穴进行储气,于1968年开始供气,工作气量为$600\times10^4\mathrm{m}^3$。加拿大的第一座盐穴储气库建于萨斯喀彻温省,于1963年开始运行,气库埋深1128m,储气空间为$5\times10^4\mathrm{m}^3$。法国的首座盐穴储气库于1970年开始投入使用,气库埋深1400~1500m,工作气量为$2.04\times10^8\mathrm{m}^3$。德国于1971年在基尔市附近的盐丘上建造了首座盐穴储气库,气库埋深为1307~

1335m，最大采气量为 $215\times10^4m^3/d$。英国于 1974 年建成了其首座盐穴储气库，工作气量为 $0.75\times10^8m^3$。亚美尼亚 1964 年建成了首座盐穴储气库，工作气量为 $1.1\times10^8m^3$。丹麦 1986 建成了首座盐穴储气库，工作气量为 $4.2\times10^8m^3$。波兰 1997 建成了首座盐穴储气库，工作气量为 $3.4\times10^8m^3$。

苏联于 1956 年开始利用枯竭气田作储气库的研究工作，同时开展了含水层储气库的勘查工作。1958 年 5 月以古比雪夫州巴什卡托夫枯竭气田为基础建成了第一座地下储气库，储气量为 $3000\times10^4m^3$。1970 年，苏联已拥有 7 座建在 5 个枯竭气田的储气库投入生产。1959 年 8 月，在莫斯科附近建成了第一座含水层储气库——加卢什储气库，该储气库具有地质构造复杂、储层稳固和气井产量高的特点；另一座含水层储气库——肖洛柯气库，是世界上最大的储气库，可储存 $30\times10^8m^3$ 天然气，而且计划将其容积进一步扩大；1968 年在列宁格勒市的加特奇纳市附近，建成了世界上第一座水平状含水层储气库。

我国对储气库的研究工作始于 20 世纪 90 年代，建库的主要目的是调节冬夏用气的不均衡性。2000 年在天津大港大张坨凝析气藏上建成了国内第一座大型城市调峰用油气藏型地下储气库，为京津冀地区用气"调峰"发挥了"第二气源"的作用。2001 年，以江苏金坛作为国内首个盐穴储气库的建库目标，启动了可行性研究项目，设计单腔有效工作气量为 $2550\times10^4m^3$。

随着天然气工业的快速发展，2010 年以来我国的储气库建设进入快速发展阶段，在大港、华北、江苏、辽河、新疆、西南、中原、大庆、长庆、吉林、胜利等油田开展了油气藏型储气库的研究和建设工作；在湖北、河南、江苏、云南、湖南等地开展了盐穴型储气库的研究和建设工作；在大港油田、华北油田开展了含水层储气库的筛选研究工作。

二、地下储气库的用途

自 20 世纪 90 年代，天然气在能源消费中的比重持续高速增长。世界石油和天然气储运领域出现了两个令人瞩目的变化：一是世界天然气管道的总长度首次超过原油管道总长度；二是地下储气库的建设有了明显发展。究其原因，除了天然气资源探明储量明显增长外，主要是由于天然气是一种有利于生态环境的优质、高效、清洁的能源。随着人们对大气污染的日益重视，专家甚至预言 21 世纪能源领域将进入天然气时代，天然气将占能源消费的 60%。

天然气的生产、运输和消费是一个完整独立的体系。通常，油气田生产的天然气是通过长输管道送往用户集中的地区，然后通过地区分销网络送至终端用户。天然气储存和运输是联系产地与用户的纽带和中间环节，其工作状态受生产和消费的调控。

不均衡性是天然气消费的一大特征。天然气消费的不均衡性可分为两大类：

（1）由偶然事件引发的天然气消费不均衡性。气候条件突然变化、天然气供应或整个供应系统的事故是典型的偶然事件。

（2）由规律性现象导致的天然气消费不均衡性。主要有日不均衡、周不均衡、季不均衡和年不均衡。夏季天然气的月均需求量与冬季的月均需求量相比，可相差 2~3 倍；如果按最大日需求量计算，则冬夏之间的需求量可相差 10~15 倍。图 1-1 所示为 2002 年亚美尼亚共和国和美国佐治亚州天然气平均月消耗量。

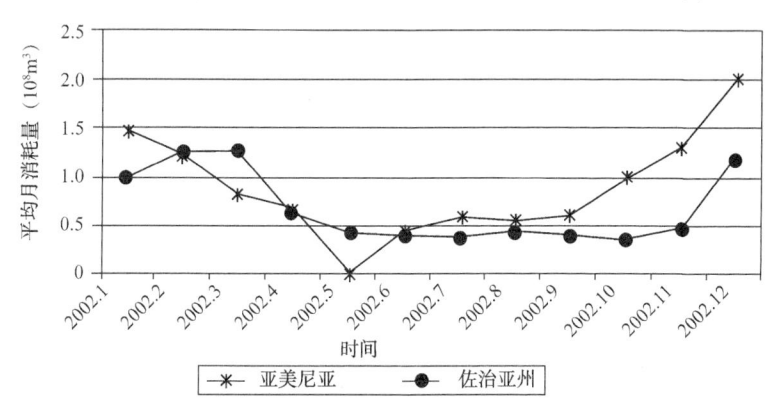

图 1-1 2002 年亚美尼亚共和国和美国佐治亚州天然气平均月消耗量

天然气在其生产、运输和销售过程中，存在着用气需求的不均衡性和储存的特殊性。解决好充分利用管道运输能力与下游用户峰谷用气不均衡之间的矛盾，是保障天然气上、中、下游协调发展，提高行业总体经济效益的核心问题。

天然气长输管道一般都是按照恒定输气量均衡输气设计，其输气调节范围不大，往往只能调节下游用户的日不均衡和周不均衡，很难适应季节性调峰需求。若按夏季天然气最小需求量设计输气管道的供气能力，一年内供气系统一直处于满负荷运转状态，但大部分时间仍不能满足用户对天然气的需求；若按冬季天然气最大需求量设计输气管道的供气能力，在大部分时间内供气能力得不到发挥，造成管道运行效率降低，天然气成本增加。因此，一般输气管道的供气能力按略高于平均需求量进行设计，所产生的不均衡问题采用以下几种办法解决：

（1）将需求的不平衡性"拉平"。推行强制配气计划，规定冬季一些企业用其他燃料代替天然气。一般发电厂可充当这类缓冲用户。这种解决方法会带来煤的储存、改装燃烧室和配备补充服务人员等额外的问题和额外支出，不是最好的解决办法。

（2）采用季节性差价的方法。冬季天然气的价格比夏季贵，这时某些用户会主动放弃在冬季使用天然气。这种方法可以使冬季需求量在某种程度上得到缓解，但不能从根本上解决问题。

（3）建造储气装置。为了能够平稳地向用户供气，建造天然气储气装置，在用气低峰时把输气系统中富裕的天然气储存在消费中心附近，在用气高峰时采出以补充供应气量的不足。但是，为了解决季节性用气不均衡的问题，需建造数亿乃至数十亿立方米的调峰设备，在地面或地下建造如此巨大的储气罐，因其造价甚高、金属容量过大、容易爆炸和占地面积过大等原因，是不可取的。例如，在莫斯科要建造这样一个满足季节调峰需要的储气罐，需消耗约 $250×10^4$ t 钢材，占用数百公顷场地。能力小的装置既不能满足冬季对气体用量的需要，又十分昂贵。在德国，小装置的储气成本是大装置储气成本的 3.5~4 倍。

（4）建造专门的地下储气库。在地下某些天然地质构造或人工构筑的洞穴中储存天然气的方案，缓解了地面储罐占地面积大、造价高、工艺复杂和防灾问题突出的矛盾，有效地利用了地下空间资源，具有重大的工业价值。利用地下储气库进行调峰比建设地面储气装置进行调峰具有以下优点：一是储存量大、机动性强、调峰范围广；二是经济合理，虽然一次性投资大，但经久耐用，使用年限长；三是安全系数大，其安全性要远远高于地面储气装置。

目前，地下储气库储气容量已占世界总储气容量的 90% 以上。建造地下储气库主要可起到如下作用：

（1）解决调峰问题。调节天然气生产相对平稳和用户需求不平衡之间的矛盾是建造地下储气库的基本功能。一般来说，用户距气源距离较远，输气干线沿途的气候和地理条件又很复杂，在这样的条件下，地下储气库无疑是季节性调峰最经济有效的方法。需求的不均衡性是决定采用地下储气库的主要原因。

（2）解决应急安全供气问题。当输气管道突发事故或自然灾害造成供气中断或检修需停止供气时，地下储气库可作为应急备用气源保持安全连续地向下游用户供气。

（3）优化管道的运行。地下储气库可使上游气田生产系统的操作和管道系统的运行不受市场消费量变化的影响，利用储气设施实现均衡生产和输气，提高上游气田和管道的运行效率，降低运行成本。

（4）用于战略储备。

（5）用于商业运作，提高经济效益。利用储气库从天然气季节性或月差价中获取利润。

由于世界上天然气资源分布的不均衡和各地区需求的差异，使得在 21 世纪新的能源格局下，世界上各用气大国都非常重视发展和建设地下储气库。

自 20 世纪 90 年代以来，随着我国天然气工业的发展，长距离输气管道建设发展迅猛，用户用气的不均衡矛盾日益加剧。例如，陕京管道下游京津地区夏季低峰用气和冬季高峰用气相差数十倍。因此，我国自 20 世纪末开始规划和建设大型的、与管道调峰配套的地下储气库。

三、地下储气库的类型

目前世界上地下储气库主要有枯竭油气藏、含水层、盐穴、岩洞及废弃矿坑等类型。

根据 2009 年 10 月阿根廷第 24 次世界天然气大会储气库工作委员会的统计，世界上 35 个国家运营着各类地下储气库 630 座，总有效工作量达 $3524.81 \times 10^8 m^3$。这些运营的储气库中枯竭油气藏型占总数的 74.1%、含水层型占 13.7%、盐穴型占 11.7%、岩洞占 0.3%、废弃矿坑占 0.2%。

1. 建在地下天然多孔储层中的储气库

建在地下天然多孔储层中的储气库包括建在枯竭油气藏中的储气库和建在含水地层中的储气库。

建在枯竭油气藏中的储气库，是应用最广泛的一种储气库类型。由于在漫长的地质年代里，地质构造的成藏性已经得到验证，因此，把枯竭的油气藏改建成地下储气库，原则上不会遇到困难，但常常要在建库之前做一些前期工作，如摸清老井的状态、处理不密封井等。

建在含水地层中的储气库，是通过向地下含水层中注入高压气体，驱替地层孔隙中的水，在非渗透性盖层下形成储气场所。气体一般在含水构造的高点或高点附近注入，随着气体的注入，渗透性大的岩层中的水被驱至排水区或沿构造的边缘布置的排水井。气体注入结束时，含水构造上部的水被驱替至极限，形成一个与上部盖层形状基本相同的人工气藏。含水层储气库的建设费用，比在枯竭矿藏中建造的储气库要高，比其他类型的储气库要便宜。

在地下天然多孔储层中建造储气库与气藏开发有许多共同点，但也有一些本质上的差别：

（1）储气库要在强度比气藏更大的状态下运行。一个运行周期内从储气库内要采出占储量40%~60%的气体，但是，在同样时间间隔内，气藏的采出率还不超过3%~5%。

（2）储气库是按照运行期无限长来计算的，因而不会完全枯竭，在储气库中每年仍有占气体总体积的30%~40%残留在其中。气藏的开采期为20~30年，并且要从其中采出尽可能多的气体。

（3）最大的差别是，储气库是按照工况交替状态进行运行的，气体时而注入，时而从中采出，因而相应的工艺特性也要周期地改变。

在地下天然多孔储层中建造储气库的主要缺点是，需要建储气库区域的地质构造，并不是都具备有利的建造条件；对于含水层储气库，则用于建造储气库的地质对象的普查工作，既困难又复杂。

2. 建在地下岩石空腔中的储气库

建在地下岩石空腔中的储气库包括：建在现有的矿井、隧道等人工坑道内的储气库和建在专门建造的洞穴内的储气库。

建在现有的矿井、隧道等人工坑道内的储气库，不需要再建造洞穴，但进行空间密封非常复杂，因此应用较少。

建在专门建造的洞穴内的储气库，通常采用容易开挖，但渗透率低的岩层，例如石灰岩、石盐、石膏、泥岩等。由于石盐具有稳固性好、非渗透性、烃类不溶性以及在水中的易溶性等特点，目前在盐层中建造储气库最为常见。

在盐层中建造储气库需考虑以下问题：盐层的埋藏深度、盐层的厚度及组分、有足够数量的工业用水、有处理盐水的可能性。

在盐层中建造储气库，最常用的方法是水溶解法。每建造 $1m^3$ 体积的储气盐腔需消耗 $8\sim9m^3$ 淡水。如果建库附近没有接受建腔产生的盐液的企业，则会因盐液处理问题造成造腔作业无法进行。

在盐层中建造储气库与在枯竭油气藏或含水层中建造储气库相比，其费用昂贵得多，视具体工程和地质条件不同，投资可相差3~4倍。

世界各地区天然气地下储气库统计表见表1-1。

表1-1　世界各地区天然气地下储气库统计表

国家	油气藏（座）	盐穴（座）	含水层（座）	岩洞（座）	废矿井（座）	总数（座）	工作气量（$10^8 m^3$）
美国	307	31	51			389	1106.74
加拿大	43	9				52	164.13
德国	15	23	7		1	46	203.15
俄罗斯	15		7			22	955.61
法国		3	12			15	119.13
乌克兰	11		2			13	318.80
意大利	11					11	167.55
捷克	6		1	1		8	30.73
奥地利	6					6	41.84
中国	5	1				6	11.40
波兰	5	1				6	16.60
罗马尼亚	6					6	27.60
英国	3	3				6	37.00
匈牙利	5					5	37.20
澳大利亚	4					4	11.34
日本	4					4	5.50
哈萨克斯坦	1		2			3	42.03
荷兰	3					3	50.00
乌兹别克斯坦	3					3	46.00
阿塞拜疆	2					2	13.50
白俄罗斯	1		1			2	7.50
丹麦		1	1			2	8.20
斯洛伐克	2					2	27.20
西班牙	2					2	14.59
土耳其	2					2	16.00
阿根廷	1					1	1.00
亚美尼亚		1				1	1.10
比利时			1			1	5.50
保加利亚	1					1	5.00

续表

国家	油气藏（座）	盐穴（座）	含水层（座）	岩洞（座）	废矿井（座）	总数（座）	工作气量（$10^8 m^3$）
克罗地亚	1					1	5.58
爱尔兰	1					1	2.10
吉尔吉斯斯坦	1					1	0.60
拉脱维亚			1			1	23.00
葡萄牙		1				1	1.50
瑞典				1		1	0.09
合计	467	74	86	2	1	630	3524.81

第二节 油气藏型地下储气库设计要点及主要技术术语

一、设计要点

地下储气库主要由地下储气层、注采气井及地面设施组成。地下储气库的建设需具备一定条件，要符合储气要求的技术特性。

油气藏型地下储气库是利用地下储层中砂岩晶体或多孔碳酸盐之间的天然孔隙储存天然气，包括由枯竭的气藏（凝析气藏）或油藏改建的地下储气库。利用枯竭气藏作为地下储气库是最理想的，一方面它具备适用于储气的构造、地质和岩性等固有条件，另一方面储层厚度、孔隙度、渗透率、均质性、储层面积以及原始地层压力、温度等资料已准确掌握，一般不需再进行勘探；此外，储气层中残留的天然气，减少了垫底气量，并且油气田的部分设施可重复利用，因此该类型储气库建库周期较短，投资和运行费用也较低，其单位工作气量的投资约为盐穴储气库的 1/3，约为含水层储气库的 1/2~3/4；其运行费用约为盐穴储气库的 1/5，约为含水层储气库的 3/5~3/4。

枯竭油藏也具备类似储气条件，但废弃的油藏中还残存有一定量的残余油，造成回采出的气体中携带有一定量的原油，需要特殊处理，故不如枯竭气藏理想。

油气藏型地下储气库的设计要点主要有：

（1）库址的筛选。地理位置应距用气市场较近，便于输送、监控；储气层应具有较高的渗透性；密闭性能要好，以保证竖向和侧向不漏气；弱水驱，以避免采气时随地层压力的降低，边水和底水进入气藏；能承受较大波动的日采出量和注入流量。

（2）地质油藏研究。主要对枯竭油气藏的密封性、孔隙度、渗透率、储气层厚度分布、地层压力、温度、含水饱和度以及边底水的影响等进行研究。

（3）气库参数研究。主要对储气库的库容、有效工作气量、垫底气量、运行压力区间、采出气量、注入气量、井数、注气和采气时间以及气库监测方案等进行研究。

（4）钻采工程研究。主要对新钻注采井的井身结构、固井工艺、完井工艺、井下工具、井口设备等进行研究，关键是如何满足储气库长期高压循环注采的工况要求以及交变载荷下的气密封要求。

（5）老井处理工程研究。利用枯竭的油气藏改建储气库，还涉及分布在油气藏内的探井和开发井如何处理的问题。根据储气库的运行工况评价后，能够重新利用的可以用作储气库的采气井或监测井；不能利用的，要永久性封堵废弃。封堵工艺和材料要能够确保储气库的长期密封性。

（6）地面工程研究。主要对压缩机、集注系统、气体处理和计量站以及辅助系统等进行研究。

（7）经济分析。测算钻采工程、地面工程等所需投资，以及研究费、监理费等费用，并进行经济分析。

二、主要技术术语

总库容量：地下储气库的最大储气容量。

总库存量：特定时间内地下储气库的储气总量。

工作气量：地下储气库中可用于销售的天然气。

垫底气量：为了保持储气层合适的压力和足够的采气能力而永久储存在地下储气库中的天然气气量。储气库在调峰采出运行时，这部分气体是不被采出的。垫底气量越大，所维持的储气库地层压力就越高，可以减少采气井的数量，但垫底气量增加，储气库的工作气量会减少。世界上现有储气库的垫底气约占总库容量的15%~75%。

运行上限压力：储气层中所允许的最大运行压力。

运行下限压力：储气层中所允许的最小运行压力。

供气能力：地下储气库每天所能供应的天然气气量。地下储气库的供气能力并非一成不变，影响其变化的主要因素有储气量、地层压力、压缩机的额定压力及系统配套能力。地下储气库的供气能力随着内部储气量的变化而变化。当地下储气库全充满时，供气能力最大；随着工作气量的减少，供气能力也逐步减小。

注气能力：一个地下储气库每天能够注入的天然气量。与供气能力相似，注气能力也同样受到与供气能力类似因素的影响。注气能力与储气库的总库存量成反比：当储气库全充满时，注气能力最小，并随着工作气量的减少而增加。

注采井：储气库中用于注入天然气和采出天然气的井。由于同一口井在注气期用于注气，在采气期用于采气，因此合称为注采井。

老井：在将油气藏改建成储气库之前，在油气藏上已经存在的井。这些井，有的年代久远已经报废，有的刚刚投产不久。无论哪种情况，由于在建库以前它们已经存在，因此统称为老井。

第二章 油气藏型地下储气库钻井工艺

第一节 钻井工艺设计基本原则

在进行油气藏型地下储气库钻井工艺设计时，油田开发钻井设计中所遵循的一般原则和方法都是适用的。但是，由于地下储气库有其独特的运行规律和使用工况，因此在进行储气库钻井设计时还要遵循一些特殊的原则。

（1）钻井设计的基本内容应包括地质设计、工程设计、施工进度计划及费用预算等部分。

（2）地质设计应明确提出设计依据、钻探目的、设计井深、储层、完钻层位及原则、完井方法、取资料要求等；地质设计应提供全井地层孔隙压力梯度曲线、破裂压力梯度曲线、试油压力资料、区块压力等高线图和地质剖面、地层倾角、地层物性、油气水性质、邻井资料及故障提示等，以及500m井距以内注水井井位图和注水压力曲线图。对于在已建储气库上钻井，还要提供区块内注采井注气压力周期变化数据。

（3）钻井设计必须以地质设计为依据，有利于取全取准各项地质、工程资料，有利于保护储气层；采用本地区和国内外成熟、先进的钻井技术，提高注采井质量及井筒气密封性，实现最佳的技术经济效益，为储气库注采井安全运行提供保障。

（4）储气库注采井一般采用定向井或丛式井技术设计。对自然增斜严重的地区，用一般的方法控制井斜角困难时，应利用地层自然造斜规律，移动地面井位，采用"中靶上环"的方法，使井底位置达到地质设计要求。

（5）钻井设计要考虑储气库注采井特殊工况要求，尽可能采用"储层专打"井身结构，按固井水泥返至地面的要求进行固井工艺设计，以利于保护储气层和提高注采井安全性能。

(6) 目前国内储气库的主要作用是城市调峰，库址一般选择在城市附近，地表环境复杂，安全环保要求严格，钻井设计应充分论述环境保护和装备要求。

(7) 费用预算和施工进度计划应根据本地区切实可靠的定额，并结合储气库注采井的特点完成。

第二节　钻井方式及平台（井场）设计

一、钻井方式

储气库的建造一般需要新钻几口井甚至数十口井，为了有利于后期管理及建设需要对钻井方式进行合理选择。

1. 直井钻井方式

1) 钻直井的优点

(1) 钻井工艺简单易操作，不易出现施工复杂和事故，风险小。

(2) 钻井井深最短，单井钻井周期最短，钻井工程投资最低。

(3) 直井作用于井壁的摩擦力小，有利于各种完井管柱的下入。

(4) 直井相对于定向井更易于提高固井质量。

2) 钻直井的缺点

(1) 新钻多少口井就需要修建多少个井场和通往井场的道路，占地面积庞大，征地费用高。

(2) 从目前国内已经建成的储气库来看，若钻直井，地面上避免不了有水塘、养鱼池或工厂、民房等建筑设施，部分地区还需要搭建钻井平台，地面占用补偿费和井场建设成本高。

(3) 井口分散，地面建设需要铺设的高压注采管线相对较多，增加了地面投资。

(4) 井口分散不便于运行后对井口的安全防护和日常生产管理。

2. 定向井钻井方式

1) 钻定向井的优点

(1) 钻定向井受地面限制相对较小，对于地面不利于或不允许设置井场的情况，可通过钻定向井方式完成钻井。

（2）选用丛式定向井钻井方式，相对于直井大大减少了土地占用面积，减少了地面管线、道路、井场的建设，降低了建设投资。

（3）井口相对集中，有利于运行后对井口的安全防护和日常管理。

2）钻定向井的缺点

（1）由于丛式钻井的特殊性，井眼之间防碰距离较近，增加了钻井工程的设计和施工难度，井眼测量深度较深，钻井周期较长。

（2）采用丛式定向钻井不可避免会有大位移定向井，造成井斜角增大，对井眼轨迹控制要求高，增加了管柱与井壁之间的摩擦阻力，易发生复杂情况。

3. 钻井方式选择

通过比较可以看出，储气库注采井采用直井钻井施工简单，但地面工程建设征地面积大，费用高，且不便于运行管理；而采用丛式井的钻井方式，可减少征地面积，减少修建井场、铺垫道路和铺设注采管线的工程量，节约了地面建设费、地面注采管网费及钻机搬安费等相关费用，并且便于建成后的运行管理，具有良好的综合经济效益。

因此，根据储气库规模、油气藏构造特性、单井注采能力和注采生产运行方式，采用在构造合适位置上选择钻井平台（井场），用丛式定向井的钻井方式来完成储气库注采井钻井。

二、平台（井场）设计

丛式井平台（井场）设计包括：

（1）优选平台（井场）个数；

（2）优选平台（井场）位置；

（3）优化地面井口的排列方式；

（4）优选丛式井组各井井口与目标点间的井眼轨道形状。

1. 设计原则

在一座储气库上钻丛式井有时需要建造多个平台（井场）。平台（井场）位置的选择、数量的确定，以及每一个平台（井场）上钻多少口井是进行丛式井总体设计的第一步。平台（井场）数量和每个平台（井场）的丛式井数量需要从安全和经济等角度进行优化，不是建造的平台（井场）越少、每个平台（井场）钻的井越多越好。平台（井场）数量少，虽然能降低建造平台（井场）、钻前安装、搬迁等运输费用，但同时会增加井深和水平位移，增大井斜角，从而增加钻井、测井、注采完井的施工难度，也提高了钻井和完井等投资成本。

丛式井平台（井场）设计总的原则是：满足储气库建设整体部署要求，有利于加速钻井、试采和集注等工程的建设速度，降低建井和基本建设的总费用，提高整体投资效益。

2. 设计内容

1) 平台（井场）数量优选

优化平台（井场）设计是一项复杂的工作，首先应根据构造特征、注采井网的布局和井数、目的层深度、地面条件、钻井工艺技术要求和建井过程中每个阶段各项工程费用成本构成进行综合性的经济技术论证。本着降低风险和施工难度的原则测算出每一个平台（井场）能够控制的井数，然后对所有目标点优化组合，经过反复计算和论证，达到理想的分组效果。当然还需要结合地面条件最终确定平台（井场）数，若地面条件受限，则只能适当减少平台（井场）数。如：大港板876储气库5口注采井受地面限制，经过反复计算和优化最终采用1个井场；大港大张坨储气库12口注采井采用2个井场；西气东输刘庄储气库10口注采井采用3个井场。

储气库注采井是一级风险井，因此在选择平台（井场）时一定要满足井控安全标准对周围环境的要求。对于部分水平位移较大的井应该采取多平台（井场）的钻井方式，以缩短水平位移，降低钻井施工难度和风险，缩短钻井周期和建设周期。

2) 平台（井场）位置优选

优选平台（井场）位置可按照平台（井场）内总进尺最少、水平位移最小等原则进行优选。根据注采井网布置、地面条件、拟定的平台（井场）个数、地层特点、定向井施工技术措施、工期以及成本等反复进行计算，直到选出最佳平台（井场）位置。

(1) 平台（井场）位置选择原则。

①充分利用自然环境、地理地形条件，尽量减少钻前施工（包括平台（井场）建造、修路等）的工作量；

②平台（井场）宜选在各井总位移（之和）最小的位置；

③应考虑钻井能力和井眼轨迹控制能力；

④有利于降低定向施工和井眼轨迹控制的难度。

（2）平台（井场）布置。

①钻机大门方向宜朝向钻机移动的方向；

②钻机大门前方不应摆放妨碍钻机移动的固定设施；

③若储气层中含硫化氢，井位设计时应考虑使大门方向朝向季节风的上风向；

④设备布置遵循设备移动尽可能少的原则。

3）平台（井场）井口布局

根据每一个丛式井平台（井场）上井数的多少选择平台（井场）内地面井口的排列方式。根据平台（井场）内各井目标点与平台（井场）位置的关系确定各井的布局，排列方式应有利于简化搬迁工序使钻完全部井组的时间最短。新钻注采井井间距应根据井场面积、布井数量、安全生产以及后期作业等因素统筹考虑，原则上不小于10m。

平台（井场）井口分布要有利于井与井之间的防碰，作到布局合理，尽量避免出现两井交叉，减少钻井过程中井眼轨迹控制的难度。如果分布不恰当，产生了防碰绕障现象，将会增加钻井难度，甚至会影响后续注采井的钻井。

丛式井平台（井场）内井口的常用排列方式如下：

（1）"一"字形单排排列。适合于平台（井场）内井数较少的丛式井，有利于钻机及钻井设备移动。这种钻井方式，是目前大港几座储气库应用最多的一种。

（2）双排或多排排列。适合于一个丛式井平台（井场）上打多口井，为了加快建井速度和缩短投产时间，可同时动用多台钻机钻井。两排井之间的距离一般为30~50m。大港板828储气库就是采用这种方式布井。

（3）环状排列和方形排列。这两种井口排列方式适用于钻井数较多的平台（井场）。目前在储气库钻井中尚未应用。

平台（井场）内井口布局应满足地面及钻井施工方便与安全的要求，同时还要考虑到满足钻井安全、修井作业和安装注采设备的要求。井口排列方向应既考虑当地气候和风向，还要兼顾地面条件。在布置钻井平台（井场）及井口位置时，还应尽量兼顾到后期储气库的扩建问题，为后期工程建设留有余地。在储气库井场钻加密井时一定要与注采生产井留有安全距离，而且在施工时必须要做好注采生产井的防护，以保证储气库的生产安全。

第三节 井身剖面设计及井眼轨迹控制

一、井身剖面设计

1. 设计依据

1）设计基本数据

地面井位坐标、地下目标点坐标和目的层垂直深度是进行定向井设计的基本数据。根据这些基本数据，通过坐标换算，可计算和设计出方位角、井斜角和水平位移。此外，还需要根据地质提供的全层位井位构造图来进行相邻井的防碰设计。

2）地质条件

进行剖面设计时，应详细了解该地区的各种地质情况，如：地质分层、岩性、地层压力、断层等地质特性。同时还应了解地层的造斜特性、井斜方位漂移及所钻区块的复杂情况等，以利于优化剖面设计，减少复杂情况的发生。

3）工具要求

在定向井设计时，设计的井眼曲率要符合施工工具及钻具组合的造斜能力，使设计的井身剖面具有可实施性。

2. 井身剖面设计原则

（1）在满足钻井要求的前提下，应尽可能选择比较简单的剖面类型，尽量使井眼轨迹短，以减小井眼轨迹控制的难度和钻井工作量，有利于安全快速钻井，降低钻井成本。对于水平井，在地面和地质条件允许的情况下尽可能设计为二维剖面。

（2）要满足注采工艺的要求。在选择造斜点、井眼曲率及最大井斜角等参数时，应有利于钻井、完井及注采作业和修井作业。

（3）受限于地面条件而移动井位，剖面设计首先要考虑储气库注采井的技术要求。

3. 优选井组各井的井眼轨迹形状

根据丛式井平台（井场）数量和位置的优选结果及确定的井口布局，需要着重优化每口井的剖面设计和确定钻井顺序。

尽量采用简单井身剖面，如直—增—稳三段制剖面，减少施工难度，降低摩阻，减少钻井时复杂情况发生的可能性。相邻井造斜点垂深要相互错开（不小于50m），水平投影轨迹尽量不相交。但对于方位相近的或仅靠调整造斜点深度达不到安全防碰距离的，可以对位移相对较小的井采用五段制井身剖面。

钻井顺序应按照先钻水平位移大和造斜点位置浅的井，后钻水平位移小造斜点深的井。这样做的目的是为了防止在定向造斜时，磁性测斜仪器因邻井套管影响发生磁干扰，有利于定向造斜施工和井眼轨迹控制。

4. 剖面类型

1）定向井

定向井的井身剖面多种多样，常用的剖面有三段制剖面（直—增—稳）和五段制剖面（直—增—稳—降—直），进行剖面设计时要根据钻井目的、地质要求和防碰等具体情况，选用合适的剖面类型进行设计（表2-1）。

表2-1 定向井常用井身剖面

剖面类型	井眼轨迹	用途特点
三段制	直—增—稳	常规定向井剖面、应用较普遍
三段制	直—增—降	多目标井、不常用
四段制	直—增—稳—降	多目标井、不常用
四段制	直—增—稳—增	用于深井、小位移常规定向井
五段制	直—增—稳—降—直	用于深井、小位移常规定向井

定向井设计井身剖面按在空间坐标系中的几何形状，又可分为二维定向井剖面和三维定向井剖面两大类，储气库新钻井的井身剖面大多都是二维定向井剖面。在平台（井场）内布井，依据地质井位进行井口布局可能会出现三维井身剖面，但为了降低钻井施工及后期作业的难度，在选择平台（井场）时，应和地质部门沟通，通过调整地质井位和地面坐标尽可能设计二维井身剖面。

2）水平井

利用水平井作为储气库注采气井在国外储气库中应用较多，在国内储气库中尚处于试验阶段。水平井按从垂直井段向水平井段转弯时的转弯半径（曲率半径）的大小可分为长半径、中半径、中短半径、短半径和超短半径（表2-2）；按空间位置可分为二维剖面和三维剖面。对于水平井剖面设计，宜采用单增剖面（直—增—平）和双增剖面（直—增—稳—增—平）。

表 2-2 水平井剖面分类

类别	全角变化率 [（°）/30m]	水平段长度（m）
长半径	2~6	860~285
中半径	6~20	285~85
中短半径	20~60	85~30
短半径	60~300	30~6

水平井井身剖面主要类型及特点如下：

（1）长曲率半径水平井。

长曲率半径水平井可以使用常规定向钻井的设备和方法，其固井和完井也与常规定向井基本相同，只是施工难度较大，钻进井段长，摩阻大，起下管柱难度大。

（2）中曲率半径水平井。

中曲率半径水平井的特点是增斜段均要用弯外壳井下动力钻具或导向系统进行增斜，使用随钻测量仪器进行井眼轨迹控制，与长半径水平井相比靶前无用进尺少。井下扭矩和摩阻较小，中靶精度高于长半径水平井，是目前实施较多的水平井类型，可以根据工艺装备所能达到的条件和实际需要合理设计。

（3）短半径和中短半径水平井。

此类水平井需要特殊的造斜工具，完井多用裸眼或下割缝筛管完井。

储气库水平井剖面一般采用单增或双增剖面，双增剖面井眼曲率变化平缓，施工难度小，达到的水平延伸段长，有利于提高中靶精度，依据各井的水平位移设计为长曲率和中曲率半径水平井。

5. 关键技术指标优化

1）造斜点

（1）造斜点应选在比较稳定、可钻性较均匀的地层，避免在硬夹层、岩石破碎带、漏失地层或容易坍塌等复杂地层定向造斜，以免出现井下复杂情况，影响定向施工。

（2）丛式定向井中相邻井的造斜点上下至少应错开 50m。

（3）造斜点的深度应根据设计井的垂直井深、水平位移和选用的剖面类型决定，并要考虑满足注采气工艺的需要。如：设计垂深大且位移小的定向井时，应采用深层定向造斜，以简化井身结构和强化直井段钻井措施，提高钻井速度；在设计垂深小且位移大的定向井时，则应提高造斜点的位置，在浅层定向造斜，既可减少定向施工的工作量，又可满足大水平位移的要求。

（4）在方位漂移严重的地层钻定向井，选择造斜点位置时应尽可能使斜井段避开方位自然漂移大的地层或利用井眼方位漂移的规律钻达目标点。

2）最大井斜角

通过定向井钻井实践，若井斜角小于15°，方位不稳定，容易漂移；井斜角大于45°，测井和完井作业施工难度较大，扭方位困难，转盘扭矩大，并易发生井壁坍塌等情况。因此，设计时应尽量不使井斜角太大，以避免钻井作业时扭矩和摩阻增加，同时也可以减小钻井施工的难度，保证其他钻井作业的顺利进行。为了有利于井眼轨迹控制和测井、完井、注采作业，储气库注采井尽可能地将井斜角控制在20°~40°范围内。

由于地质目标要求或其他限制条件只能采用五段制井身剖面时，井斜角不宜太大，一般控制在18°~25°范围内，否则降斜井段太长，会给钻井工作带来不利因素。如果设计的最大井斜角影响注采作业，增加施工难度，应将造斜点提高或增大井眼曲率。

3）井眼曲率

在选择井眼曲率值时，要考虑造斜工具的造斜能力，减小起下钻和下套管的难度以及缩短造斜井段的长度等各方面的要求。为防止井眼曲率过大给后续钻进、测井、下套管、下完井管柱及工具等作业带来困难，应将井眼的造斜率控制在(6°~10°)/100m，水平井尽量控制在16°/100m以内。

为了保证造斜钻具和套管安全顺利下井，必须对设计剖面的井眼曲率进行校核。应该使井身剖面的最大井眼曲率小于井下动力钻具组合和下井套管抗弯曲强度允许的最大曲率值。

井下动力钻具定向造斜及扭方位井段的井眼曲率 K_m 应满足：

$$K_\mathrm{m} < \frac{0.728(D_\mathrm{b}-D_\mathrm{T})-f}{L_\mathrm{T}^2} \times 45.84 \qquad (2-1)$$

式中　K_m——井眼曲率，(°)/100m；

D_b——钻头直径，mm；

D_T——井下动力钻具外径，mm；

f——间隙值 mm，（软地层取$f=0$，硬地层取$f=3~6$）；

L_T——井下动力钻具长度，m。

下井套管允许的最大井眼曲率 K'_m 应满足：

$$K'_m < \frac{5.56 \times 10^{-6} \delta_c}{C_1 C_2 D_c} \tag{2-2}$$

式中 δ_c——套管屈服极限，Pa；

C_1——安全系数，一般取 1.2~1.25；

C_2——螺纹应力集中系数，取值 1.7~2.5；

D_c——套管外径，cm。

6. 丛式定向井防碰措施

解决丛式定向井防碰问题，一是设计时尽量减小防碰问题出现的机率；二是施工时采取必要措施防止井眼相碰。

在整个丛式定向井设计时，要把防碰考虑体现在设计中，主要措施有：

（1）相邻井的造斜点上下错开 50m；

（2）尽量用外围的井口打位移大的井，造斜点浅；用中间井口打位移小的井，造斜点较深；

（3）依据地质井位，按整个井组的各井方位，尽量均布井口，使井口与井底连线在水平面上的投影图尽量不相交，且呈放射状分布，以利于井眼轨迹跟踪；

（4）对于防碰距离近的井，还可通过调整造斜点和造斜率的方法增大防碰距离；

（5）对于有防碰问题的一组井或几口井的剖面设计，先钻的井必须要给后续待钻的相邻井提供安全保障。

二、井眼轨迹控制

井眼轨迹控制是定向井施工中的关键技术，它是一项使实钻井眼沿着预先设计的轨迹钻达目标靶区的综合性技术。根据设计井每个井段剖面形状，选用合理的下部钻具组合和相应的钻进参数，使钻出的井眼沿设计井眼轨迹前进，这是井眼轨迹控制的主要依据。

1. 影响定向井井眼轨迹因素

影响定向井井眼轨迹的因素主要有：地质因素、岩石可钻性、不均匀性、地应力以及地层倾角等；下部钻具组合及钻进参数；钻头类型及地层的相互作用。

随着定向井钻井设备、工具和工艺技术的进步，目前施工中可以做到即时监测与预测井眼轨迹，可以根据实钻结果，及时调整下部钻具组合和钻进参数。

2. 定向井常用钻具组合

1）造斜钻具

最常用的定向井造斜钻具组合是采用弯接头和井下动力钻具组合进行定向造斜。造斜钻具的造斜能力与弯接头的弯曲角和弯接头上面的钻铤刚性大小有关，弯接头弯曲角越大，钻铤刚性越强则钻具的造斜能力越强，造斜率也越高。

2）稳斜钻具

稳斜钻具组合是采用刚性满眼钻具结构，通过增大下部钻具组合的刚性，控制下部钻具在钻压作用下的弯曲变形，达到稳定井斜和方位的效果。

3）降斜钻具

降斜钻具一般采用钟摆钻具组合，利用钻具自身重力产生的钟摆力实现降斜目的。降斜井段的钻井参数设计，应根据井眼尺寸限定钻压，以保证降斜效果，使降斜率符合剖面要求。

3. 钻进参数设计

钻进参数是指影响钻井的机械钻速与井眼质量的可控参数，主要包括钻头类型、钻压、转速、水力参数、钻井液体系等。定向井钻进参数的设计，除遵循常规井钻井参数优选原则外，更要注意井眼轨迹的控制及安全施工，钻头类型、钻压和转速都是对井斜及方位影响较大的参数。

4. 井眼轨迹控制

1）直井段轨迹控制

根据造斜点的深度和井眼尺寸合理选择钻具组合和钻井参数，严格控制井斜角，要求井斜角尽可能小，以减少定向造斜施工的工作量。上部直井段一般根据垂直井段的深度采用钟摆钻具或塔式钻具，下部直井段则采用钟摆钻具。直井段钻完后，采用多点测斜仪系统测量一次，在有磁干扰的井段应进行多点陀螺测斜，根据测斜数据进行井眼轨迹计算，为定向及防碰施工提供可靠的实钻井眼数据。

丛式定向井都存在防碰问题，因此，必须严格控制每一口井的轨迹。开钻前必须对井口进行校正，防止井口偏斜，先期完成的井必须给后续待钻的相邻井提供安全保障。

2）定向造斜井段轨迹控制

目前定向造斜基本采用动力钻具造斜工具（导向钻具），它既可以用于井下动力钻具定向造斜，又可用于钻进中的连续测量。定向造斜钻进，要按规定加压，均匀送钻，使井眼曲率变化平缓，轨迹圆滑，防止在下部钻进中在该井眼处形成键槽引发卡钻现象。在防碰井段，要密切注意机械钻速、扭矩和钻压等的变化和 MWD 所测磁场有关数据的情况，并密切观察井口返出物和钻进情况，发现异常应及时停钻检查。

3）稳斜井段轨迹控制

目前一般采用满眼钻具或导向钻具控制井眼轨迹，主要是依据井身剖面和防碰距离合理选择。如果水平位移较大、井斜角大或防碰距离小就需要采用导向钻具控制井眼轨迹；反之对于水平位移较小，防碰距离相对安全的井段则可以采用满眼钻具。

稳斜钻进中要加强测斜，及时监测井眼轨迹，若发现井斜和方位变化较大时，应调整钻井参数或钻具组合控制井眼轨迹，使之符合中靶要求。

4）降斜井段轨迹控制

降斜段一般接近完井井段，井下扭矩及摩阻较大。为了安全钻进，一般都在满足井眼中靶条件下，简化下部钻具组合，减少钻铤和稳定器的数量，甚至可用加重钻杆代替钻铤。

5）水平井段轨迹控制

水平井的轨迹控制要求高、难度大，轨迹控制的精度稍差，就有可能脱靶。这就要求一方面需要精心设计水平井轨道，一方面需要具有较高的轨迹控制能力。正确选择和合理利用钻具组合，既可以提高水平井井眼轨迹控制精度及钻进速度，又有利于获得曲率均匀和狗腿度小的光滑井眼。

直井段及初始造斜井段同常规定向井，大斜度井段及水平段需要采用"倒装钻具"，将施加钻压的钻铤和加重钻杆放在小井斜井段或直井段，以便施加钻压，同时可避免钻进中普通钻杆出现屈曲问题。为增加大斜度段和水平段井下复杂情况和事故的处理能力，可在井下适宜位置配置随钻震击器。造斜井段及水平段采用优质的钻井液体系，合理利用固控设备及时消除钻井液中的有害固相，并加强钻井液的管理和维护，以保持钻井液具有良好的润滑性和携岩性。

第四节　完井方法和井身结构设计

一、完井方法

1. 注采井完井要求

完井的主要任务是使井眼与储层间具有良好的连通，同时保持井眼的长期稳定，使井在较长时间内稳产、高产。完井方法应根据储层类型、地层岩性、储层稳定程度、渗透率和经济指标综合分析优选确定。因此，对储气库注采井完井的基本要求是：

（1）最大限度地保护储气层，防止对储气层造成伤害，保证注采井的单井高产；

（2）气层和井底之间应具有最大的渗流面积，减少气流进入井筒时的流动阻力；

（3）克服井塌或产层出砂，保障注采井长期稳定运行；

（4）能有效地封隔油气水层，防止各层之间的互相干扰；

（5）利于实施酸化等增产措施。

2. 完井方式需要考虑的因素

完井方式的选择需要考虑的因素有：储气层类型、储气层岩性和渗透率、油气分布情况、完井层段的稳定程度、附近有无高压层、底水等。对于均质硬地层可采用裸眼完井，而非均质硬地层则采用套管完井；非稳定地层采用非固定式筛管完井；产层胶结性差、存在出砂问题，则应采用防砂筛管完井。对于储气库注采井完井方法还要考虑储气库注采井的使用特性。

砂岩油气藏改建地下储气库的注采井应考虑防砂问题。由于储气库注采井注采压力的频繁变化，致使砂砾间的应力平衡和储层胶结遭到破坏，造成地层可能出砂。因此，储气库注采井在完井方法优选时，防砂问题应给予重视。

3. 完井方式选择

1）前期工作

在进行储气库注采井完井方式优化前，首先要进行一系列的室内实验评价分析工作。

（1）气藏开发阶段气井出砂情况分析：生产井完井时是否有防砂措施；生产过程中是否有出砂或垮塌现象；修井时井底是否有沉砂记录。

（2）岩石力学实验评价：岩石抗压强度；杨氏模量；泊松比。

（3）井壁稳定性分析：根据岩石力学实验结果和气藏的地应力数据，进行井壁上最大剪切应力和岩石抗剪切强度关系的计算分析。

（4）地层出砂预测。在储气库运行过程中，注采井储层是否出砂是选择注采井完井方式的重要依据之一。

造成储层出砂的主要原因有：

①有些储层中砂粒间缺少胶结物，或者没有胶结物，加上地层埋藏浅，成岩作用低，地应力变化的影响造成出砂；

②生产压差大，流体渗流流速大，极易造成地层出砂，尤其对于储气库注采井长期高产量生产，该因素要格外重视；

③钻井液滤液、作业压井液浸入地层，引起地层黏土膨胀，造成储层出砂；

④地层压力降低至一定值后，地应力发生明显变化，改变了原来地层砂粒间作用力的平衡，造成储层出砂；

⑤固井质量不合格，套管外缺少或没有水泥环支撑，射孔后易引起出砂。

可采用组合模量法对储层岩石强度和出砂的可能性进行评价。根据声速及密度测井资料，用式（2-3）计算岩石的弹性组合模量 EC：

$$EC = \frac{9.94 \times 10^8 \rho}{\Delta t_c^2} \tag{2-3}$$

式中　EC——岩石弹性组合模量，MPa；

ρ——岩石密度，g/cm³；

Δt_c——声波时差，μs/m。

根据储层出砂预测理论，组合模量（EC）越大，地层出砂的可能性越小。经验表明，当组合模量（EC）大于 2.0×10^4 MPa 时，油气井不出砂；反之，则要出砂。判断标准如下：

①$EC \geq 2.0 \times 10^4$ MPa，正常生产时不出砂；

②$1.5 \times 10^4$ MPa $< EC < 2.0 \times 10^4$ MPa，正常生产时轻微出砂；

③$EC \leq 1.5 \times 10^4$ MPa，正常生产时严重出砂。

国内油田用此方法在一些油气井上作过出砂预测，准确率在80%以上。

2）完井方式确定

目前，各类油气藏的完井方法细分有 10 余种，适用于储气库的完井方法主要有裸眼完井法和射孔完井法。目前国内已建成的油气藏型储气库中，大部分采用了射孔完井法；永 22 储气库为碳酸盐岩储层，采用的是普通筛管完井；在部分砂岩储层水平注采井中开展了防砂筛管完井试验。

（1）裸眼完井。

裸眼完井包括先期裸眼完井、裸眼筛管完井和裸眼砾石充填完井。其优点在于能提高注采气量，减少固井和射孔对储层的伤害；缺点在于受地层条件限制，层间干扰大。

从资料上看，国外储气库有采用裸眼筛管完井和裸眼砾石充填完井的实例，但井数并不多。国外在对待完井工艺和防砂方面意见尚不统一。

（2）射孔完井。

射孔完井是国内外储气库应用最多的完井方式。套管射孔完井既可选择性地射开不同物性的储气层，以避免层间干扰，还可避开夹层水和底水，避免夹层的坍塌，具备实施分层注、采和选择性酸化等分层作业的条件。砂岩或碳酸盐岩油气层均可使用此方式完井。

射孔完井需要对射孔工艺、射孔参数和射孔液等进行详细的研究，满足注采井"大进大出"的要求。

4. 国外储气库注采井完井实例

美国的 Bistineau 地下储气库采用射孔完井工艺，井身结构如图 2-1 所示。
意大利的 JonesI1-30 地下储气库采用悬挂固井射孔完井工艺，如图 2-2 所示。
荷兰 Norg 地下储气库采用防砂筛管完井工艺，井身结构如图 2-3 所示。
美国的 Midland 地下储气库采用裸眼完井工艺。
意大利的 Minerbio 地下储气库采用裸眼砾石充填完井工艺。
西班牙的 Yela 储气库试验了一口双分支注采井。

二、井身结构设计

井身结构包括套管层次和下入深度以及井眼尺寸（钻头尺寸）与套管尺寸的配合。井身结构设计是钻井工程设计的基础，合理的井身结构是钻井工程设计的重要内容。

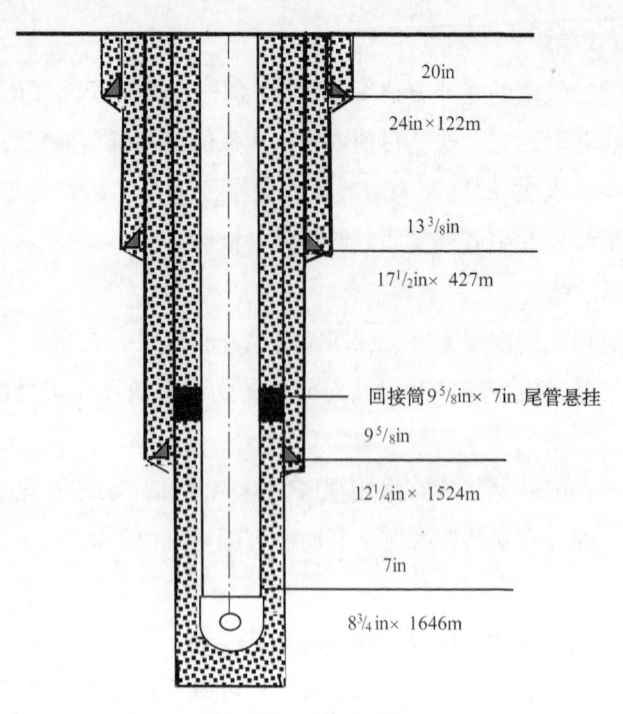

图 2-1 美国的 Bistineau 地下储气库注采井井身结构示意图

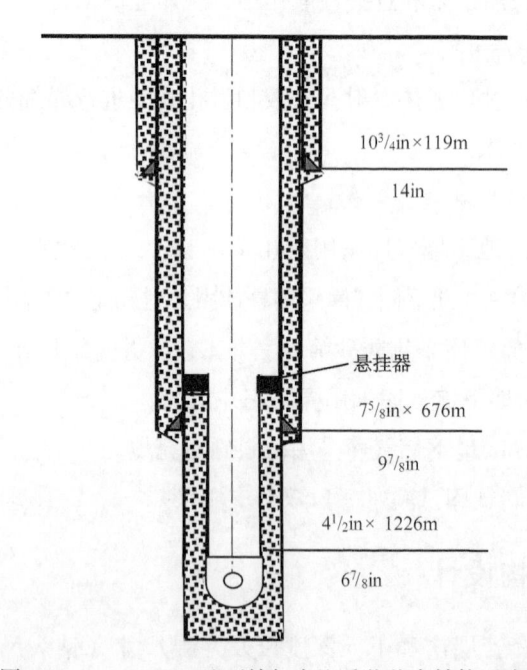

图 2-2 JonesI1-30 地下储气库注采井井身结构示意图

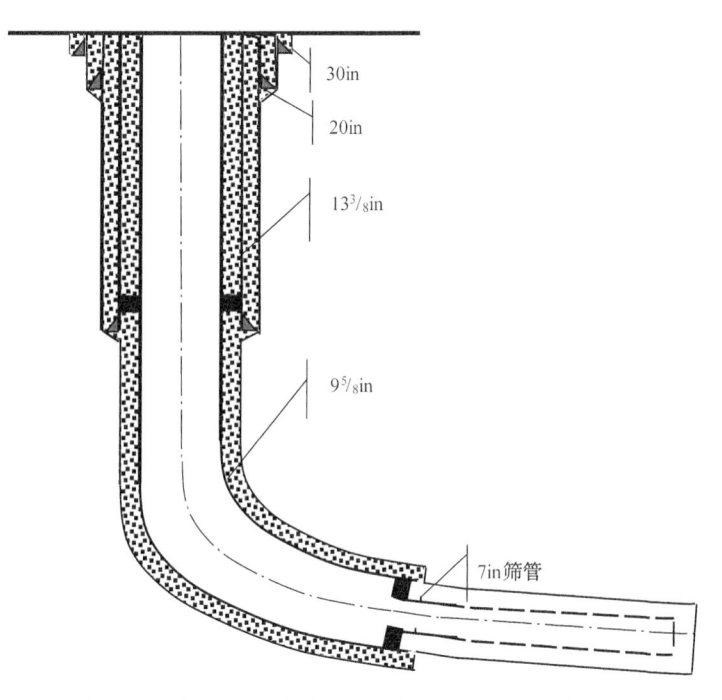

图 2-3　荷兰 Norg 地下储气库注采井井身结构示意图

1. 注采井井身结构设计原则

（1）注采井井身结构应满足储气库长期周期性高强度注采及安全生产的需要。

（2）各层套管下深应结合建库时实际地层孔隙压力、坍塌压力、破裂压力资料进行设计。在条件满足的情况下，尽可能采用储层专打。

（3）应避免漏、喷、塌、卡等井下复杂情况产生，为全井顺利钻进创造条件，使钻井周期最短。

（4）钻下部高压地层时所用的较高密度钻井液产生的液柱压力，不致压裂上一层套管鞋处薄弱的裸露地层。

（5）下套管过程中，井内钻井液柱压力和地层压力之间的压差，不致产生压差卡阻套管事故。

2. 井身结构设计原理

1）基本概念

（1）静液柱压力。静液柱压力是由液柱重力引起的压力。它的大小与液柱的密度及垂直高度有关，而与液柱的横向尺寸及形状无关。如果静液压力符号用 p_h 表示，则：

$$p_h = 10^{-3}\rho g H \tag{2-4}$$

式中 p_h——静液柱压力，MPa；

ρ——液柱密度，g/cm^3；

g——重力加速度，取 9.81m/s^2；

H——液柱垂直高度，m。

由式（2-4）可知，液柱垂直高度越高，则静液柱压力越大。常把单位高度（深度）压力值的变化称为压力梯度。如果用符号 G_h 静液压力梯度，则：

$$G_h = p_h / H \tag{2-5}$$

式中 G_h——静液压力梯度，MPa/m；

H——液柱垂直高度，m。

（2）上覆岩层压力和压力梯度。某处地层的上覆岩层压力是指覆盖在该地层以上的地层基质（岩石）和孔隙中流体（油气水）的总重力造成的压力。如果用符号 p_o 表示上覆岩层压力，则：

$$p_o = \int_0^H 10^{-3}[(1-\phi)\rho_{rm} + \phi\rho]g dH \tag{2-6}$$

式中 p_o——上覆岩层压力，MPa；

ϕ——岩石孔隙度；

ρ_{rm}——岩石基质的密度，g/cm^3；

ρ——岩石孔隙中流体的密度，g/cm^3；

g——重力加速度，取 9.81m/s^2；

H——液柱垂直高度，m。

上覆岩层压力梯度表示为：

$$G_o = \frac{p_o}{H} = \frac{1}{H}\int_0^H 10^{-3}[(1-\phi)\rho_{rm} + \phi\rho]g dH \tag{2-7}$$

通常，上覆岩层压力梯度不是常数，而是深度的函数，并且不同的地质构造压实程度也是不同的，所以上覆压力梯度随深度的变化关系也不同。据统计，古近—新近系岩层的平均压力梯度为 0.0231MPa/m；碎屑岩岩层的最大压力梯度为 0.031MPa/m；浅层的岩层压力梯度一般小于 0.031MPa/m。

（3）地层压力。地层压力是指作用在地下岩层孔隙内流体（油气水）上的压力，也称地层孔隙压力，一般用符号 p_p 表示。在各种地质沉积中，正常地层压力等于从地表到地下该地层处的静液柱压力。所以大多数正常地层压力梯度为

0.0105MPa/m。

然而在钻井实践中，经常会遇到实际的地层压力梯度远远超过正常地层压力梯度的情况。这种在特殊地质环境中超过静液柱压力的地层压力（$p_p > p_h$），称之为异常高压；而低于静液压力的地层压力（$p_p < p_h$），称之为异常低压。钻井实践证明，这3种类型的地层都可能遇到，其中异常高压地层更为多见，它与钻井工程设计及施工的关系也最大。

(4) 破裂压力。地层破裂压力定义为在某深度处，井内的钻井液柱所产生的压力升高到足以压裂地层，使其原有裂缝张开延伸或形成新的裂缝时的井内流体压力，这个压力称为地层破裂压力，用符号 p_f 表示。在地层破裂压力下，会产生钻井液的漏失。

因此，在钻井时，钻井液液柱压力的下限是保持与地层压力相平衡，以防止对油气层的伤害，提高钻速，实现压力控制，而其上限则不应超过地层的破裂压力，以避免压裂地层而造成钻井液漏失，尤其在地层压力差别较大的裸眼井段，设计不当或掌握不好，会造成"先漏后喷""上吐下泻"的恶性事故。

(5) 地层坍塌压力。当井内液柱压力低于某一数值时，地层出现坍塌，地层坍塌压力就是指井壁岩石不发生坍塌、缩径等复杂情况的最小井内压力，用符号 p_s 表示。

2) 设计原理

(1) 井眼中的压力体系。在裸眼井段中存在着地层压力、地层破裂压力和井内钻井液液柱压力。这3个相关的压力必须满足以下条件：

$$p_f \geqslant p_m \geqslant p_p \tag{2-8}$$

式中　p_f——地层破裂压力，MPa；

p_m——钻井液液柱压力，MPa；

p_p——地层压力，MPa。

即钻井液液柱压力应稍大于地层压力以防止井涌，但必须小于地层破裂压力以防止压裂地层发生井漏。由于在非密闭的液压体系中（即不关封井器憋回压），压力随井深呈线性变化，所以使用压力梯度的概念是比较方便的。式 (2-8) 可写成：

$$G_f \geqslant G_m \geqslant G_p \tag{2-9}$$

式中　G_f——地层破裂压力梯度，MPa/m；

G_m——钻井液柱压力梯度，MPa/m；

G_p——地层压力梯度，MPa/m。

若考虑到井壁的稳定性，还需要补充一个与时间有关的不等式，即：

$$G_m(t) \geq G_s(t) \tag{2-10}$$

式中　　$G_m(t)$——钻井液柱压力梯度，MPa/m；

$G_s(t)$——地层坍塌压力梯度，MPa/m。

以上压力体系是保证正常钻进所必须的，否则会导致钻井事故。当这些压力体系能共存于一个井段时，即在一系列截面上能满足以上条件时，这些截面不需要套管封隔，否则就需要用套管封隔开这些不能共存的压力体系。因此，井身结构设计有严格的力学依据，即"地层—井眼"压力系统的平衡，只有充分掌握上述压力体系的分布规律才能做出合理的井身结构设计。

(2) 液体压力体系的当量梯度分布。

①非密封液柱体系的压力分布和当量梯度分布。设有深度 H 的井眼，充满密度为 ρ_m 的钻井液，则液柱压力随井深呈线性变化，而当量梯度自上而下是一个定值。

②密封液柱体系的压力分布和当量梯度分布。若将上述体系密封起来，并施加一个确定的附加压力 p_0，则 p_0 相当于施加于每一个深度截面上，仍不改变压力的线性分布规律。但此时的压力当量梯度分布却是一条双曲线。在钻井工程中，当钻遇高压地层发生溢流或井喷而关闭防喷器时，井内液柱压力和当量梯度分布即为这种情况。此时的立管压力或套管压力即为 p_0。

(3) 地层压力和地层破裂压力剖面的线性插值。地层压力和地层破裂压力的数据一般是离散的，是由若干个压力梯度和深度数据的散点构成。为了求得连续的地层压力和地层破裂压力梯度剖面，曲线拟合的方法是不适用的，但可依靠线性插值的方法。在线性插值中，认为离散的两邻点间压力梯度变化规律为一直线。对任意深度 H 求线性插值的步骤如下：

设自上而下顺序为 i 的点具有深度为 H_i，地层压力梯度为 G_{pi}，地层破裂压力梯度为 G_{fi}，而其上部相邻点的序号为 $i-1$，相邻的地层压力梯度为 G_{pi-1}，地层破裂压力梯度为 G_{fi-1}，则在深部区间 $H_i - H_{i-1}$ 内任意深度有：

$$G_p = (H - H_{i-1}) \div (H_i - H_{i-1}) \times (G_{pi} - G_{pi-1}) + G_{pi-1} \tag{2-11}$$

$$G_f = (H - H_{i-1}) \div (H_i - H_{i-1}) \times (G_{fi} - G_{fi-1}) + G_{fi-1} \tag{2-12}$$

（4）必封点深度的确定。我们把裸露井眼中满足压力不等式条件式（2-8）或式（2-9）的极限长度井段定义为可行裸露段。可行裸露段的长度是由工程和地质条件决定的井深区间，其顶界是上一层套管的必封点，底界为该层套管的必封点深度。

①正常作业工况（钻进、起下钻）下必封点深度的确定。在满足近平衡压力钻井条件下，某一层套管井段钻进中所用最大钻井液密度 ρ_m 应不小于该井段最大地层压力梯度的当量密度 ρ_{pmax} 与该井深区间钻进可能产生的最大抽汲压力梯度的当量密度 S_b 之和，以防止起钻中抽汲造成溢流。即：

$$\rho_m \geq \rho_{pmax} + S_b \tag{2-13}$$

式中 ρ_{pmax} ——该层套管钻井区间最大地层压力梯度的当量密度，g/cm³；

S_b ——抽汲压力系数，g/cm³。

下钻时使用这一钻井液密度，在井内将产生一定的激动压力 S_g。因此在一定钻井条件（井身结构、钻柱组合、钻井液性能等）下，井内有效液柱压力梯度的当量密度为：

$$\rho_{mE} = \rho_{pmax} + S_b + S_g \tag{2-14}$$

考虑地层破裂压力检测误差，给予一个安全系数 S_f，则该层套管可行裸露段底界（或该层套管必封点深度）由式（2-15）确定：

$$\rho_{pmax} + S_b + S_g + S_f \leq \rho_{fmin} \tag{2-15}$$

式中 S_g ——激动压力系数，g/cm³；

S_f ——安全系数，g/cm³。

当然，任何一个已知的 ρ_{fmin} 也可以向下开辟一个可行裸露井深区间，确定可以钻开具有多大地层压力当量密度的地层。ρ_{pmax} 的数值为：

$$\rho_{pmax} \leq \rho_{fmin} - (S_b + S_g + S_f) \tag{2-16}$$

②出现溢流约束条件下必封点深度的确定。正常钻进时，按近平衡压力钻井设计的钻井液密度为：

$$\rho_m = \rho_p + S_b \tag{2-17}$$

钻至某一井深 H_x 时，发生一个大小为 S_k 的溢流，停泵关闭防喷器，立管压力读数为 p_{sd}，有：

$$p_{sd} = 0.00981 S_k H_x \tag{2-18}$$

或

$$S_k = p_{sd}/0.00981H_x \tag{2-19}$$

式中 p_{sd}——立管压力，MPa；

H_x——出现溢流的井深，m。

关井后井内有效液柱压力平衡方程为：

$$p_{mE} = p_m + p_{sd} \tag{2-20}$$

或

$$0.00981\rho_{mE}H = 0.00981H(\rho_p + S_b) + 0.00981S_kH_x \tag{2-21}$$

即

$$\rho_{mE} = \rho_p + S_b + H_x S_k/H \tag{2-22}$$

裸露井深区间内地层破裂强度（地层破裂压力）均应承受这时井内液柱的有效液柱压力，考虑地层破裂安全系数 S_f，即：

$$\rho_{fmin} \geq \rho_p + S_b + S_f + H_x S_k/H \tag{2-23}$$

由于溢流中可能出现在任何一具有地层压力的井深，故其一般表达式为：

$$p_{pmax} + S_b + S_f + H_x S_k/H \leq \rho_{fmin} \tag{2-24}$$

同样，也可以由套管鞋部位的地层破裂压力梯度，下推求得满足溢流条件下的裸露段底界。此时 H_x 为当前井深，它对应于 ρ_{fmin}，H 为下推深度。其数学表达式为：

$$p_{pmax} \leq \rho_{fmin} - (S_b + S_f + HS_k/H_x) \tag{2-25}$$

③压差卡钻约束条件下必封点深度的确定。下套管中，钻井液密度为（$\rho_p + S_b$），当套管柱进入低压力井段会有压差黏附卡套管的可能，故应限制压差值。限制压差值在正常压力井段为 Δp_N，异常压力地层为 Δp_A。也就是说，钻开高压层所用钻井液产生的液柱压力不能比低压层所允许的压力高 Δp_N 或 Δp_A。即：

$$p_m - p_{pmin} \leq \Delta p_N \tag{2-26}$$

$$p_m - p_{pmin} \leq \Delta p_A \tag{2-27}$$

在井身结构设计中，设计出该层套管必封点深度后，一般用式（2-26）或式（2-27）来校核是否能安全下到必封点位置。

3. 井身结构设计方法和步骤

1）设计所需数据

（1）地质方面数据。

①岩性剖面及其故障提示；

②地层压力梯度剖面；

③地层破裂压力梯度剖面。

（2）工程方面数据。

①抽汲压力系数 S_{bo}：上提管柱时，由于抽汲作用使井内液柱压力的降低值；

②激动压力系数 S_{go}：下放管柱时，由于管柱向下运动产生的激动压力使井内液柱压力的增加值；

③地层破裂安全系数 S_{fo}：为避免上部套管鞋处裸露地层被压裂的地层破裂压力安全增值，安全系数的大小与地层破裂压力的预测精度有关；

④井涌允量 S_{ko}：由于地层压力预测的误差所产生的井涌量的允许值，它与地层压力预测的精度有关；

⑤压差允值 Δp_o：不产生压差卡套管所允许的最大压力值，它的大小与钻井工艺技术和钻井液性能有关，也与裸眼井段的孔隙压力有关；若正常地层压力和异常高压都出自一个裸眼井段，卡钻易发生在正常压力井段，所以压差允值又有正常压力井段和异常压力井段之分，分别用 Δp_N 和 Δp_A 表示。

以上5个工程方面的设计系数都是以当量密度表示，单位为 g/cm^3。

2）设计方法和步骤

在进行井身结构设计的时候，首先要建立设计井所在地区的地层压力和地层破裂压力剖面，如图2-4所示。图中纵坐标表示井深，单位为 m；横坐标表示地层压力和地层破裂压力梯度，以当量密度表示（单位：g/cm^3）。另外，最好在图2-4左侧再画上地层岩性柱状剖面及故障提示。

油层套管的下深取决于储气层的位置和完井方法，所以设计步骤从中间套管开始，设计按以下步骤进行。

（1）求中间套管下入深度的假定点。

确定套管下入深度的依据，是在钻下部井段的过程中所预计的最大井内压力不致压裂套管鞋处的裸露地层。利用压力梯度剖面图中最大地层压力梯度求上部地层不致被压裂所应具有的地层破裂压力梯度的当量密度 ρ_f。

①当钻下部井段时，若肯定不会发生井涌，可用式（2-28）计算：

$$\rho_f = \rho_{pmax} + S_b + S_g + S_f \quad (2-28)$$

式中　ρ_{pmax}——剖面图中最大地层压力梯度的当量密度，g/cm^3。

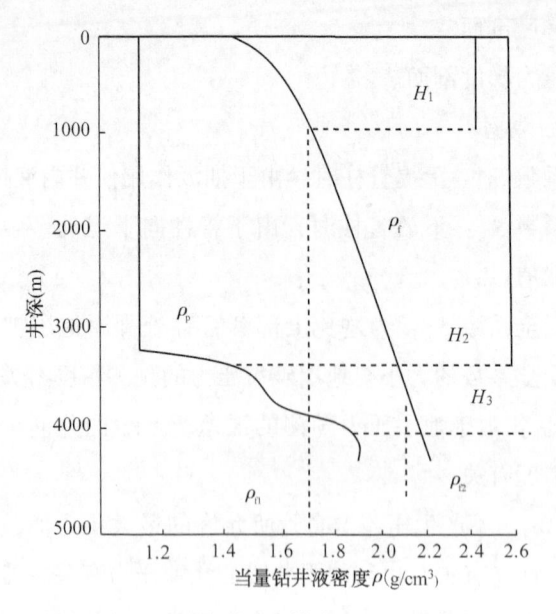

图 2-4 地层压力和地层破裂压力梯度（以当量密度表示）剖面图

在横坐标上找出求得的地层破裂压力梯度 ρ_f，从该点引垂线与破裂压力梯度线相交，交点所对应的深度即为中间套管下入深度的假定点（H_{21}）。

②若预计要发生井涌，可用式（2-29）计算：

$$\rho_f = \rho_{pmax} + S_b + S_f + H_{pmax} S_k/H_{21} \tag{2-29}$$

式中　H_{pmax}——剖面图中最大地层压力梯度点所对应的深度，m；

H_{21}——中间套管下入深度的假定点，m。

式（2-29）中的 H_{21} 可用试算法求得。试取 H_{21} 值带入式（2-29）求 ρ_f，然后在地层破裂压力梯度曲线上求 H_{21} 所对应的地层破裂压力梯度。若 ρ_f 的计算值与实际值相差不大或略小于实际值，则 H_{21} 即为中间套管下入深度的假定点；否则另取 H_{21} 值重新试算，直到满足要求为止。

（2）校核中间套管下到假定深度过程中是否有被卡的危险。

先求出该井段最小地层压力处的最大静止压差。有：

$$\Delta p = 0.00981(\rho_m - \rho_{pmin})H_{pmin} \tag{2-30}$$

式中　Δp——最大静止压差，MPa；

ρ_m——钻进深度 H_{21} 时采用的钻井液密度，g/cm³；

ρ_{pmin}——该井段内最小地层压力的当量密度，g/cm³；

H_{pmin}——最小地层压力梯度点所对应的最大井深，m。

若 $\Delta p \leqslant \Delta p_N$，则假定点深度为中间套管下入深度；若 $\Delta p > \Delta p_N$，则有可能产生压差卡套管，这时中间套管下入深度应小于假定点深度 H_{21}。在第二种情况下，中间套管下入深度按下面的方法计算：

在压差 Δp_N 下所允许的最大地层压力为：

$$\rho_{pper} = \Delta p_N / 0.00981 H_{pmin} + \rho_{pmin} - S_b \qquad (2-31)$$

在压力剖面图横坐标上找到 ρ_{pper} 值，该值所对应的深度即为中间套管下入深度 H_2。

（3）求钻井尾管下入深度的假定点。

当中间套管下入深度小于其假定点时，则需要下尾管，并确定尾管的下入深度。根据中间套管下入深度 H_{21} 处的地层破裂压力梯度 ρ_f，由式（2-32）可求得允许的最大地层压力梯度：

$$\rho_{pper} = \rho_f - S_b - S_f - H_{31} S_k / H_2 \qquad (2-32)$$

式中　H_{31}——钻井尾管下入深度的假定点，m。

（4）校核钻井尾管下到假定深度过程中是否有被卡的危险。

校核方法同"校核中间套管下到假定深度过程中是否有被卡的危险"，压差均值用 Δp_A，可求得钻井尾管下入深度 H_3。

（5）求表层套管下入深度。

根据中间套管鞋处（H_2）的地层压力梯度，给定井涌条件 S_k，用试算法计算表层套管下入深度 H_1。每次给定 H_1，并代入式（2-33）计算

$$\rho_{fE} = \rho_{p2} + S_b + S_f + H_2 S_k / H_1 \qquad (2-33)$$

式中　ρ_{fE}——井涌压井时表层套管鞋处承受压力的当量密度，g/cm^3；

　　　ρ_{p2}——中间套管 H_2 处地层压力的当量密度，g/cm^3。

试算结果，当 ρ_{fE} 接近或比 H_{21} 处的破裂压力梯度小 $0.024 \sim 0.048 g/cm^3$ 时符合要求，该深度即为表层套管下入深度。

需要注意的是，以上套管层次及下入深度的确定是以井内压力系统平衡为基础、以压力剖面为依据的。然而，地下的许多复杂情况是反映不到压力剖面上的，如易漏易塌层、岩盐层等，这些复杂地层必须及时进行封隔，必须封隔的层位在井身结构设计中称为必封点。

4. 套管与井眼尺寸的确定

1）套管与井眼尺寸的确定原则

（1）确定井身结构尺寸一般由内向外一次进行，首先确定生产套管尺寸，

再确定下入生产套管的井眼尺寸,然后确定中间套管尺寸等,以此类推,直到表层套管的井眼尺寸,最后确定导管尺寸。

(2) 生产套管尺寸根据注采工程设计来确定。

(3) 套管与井眼之间有一定间隙,间隙过大则不经济,过小不能保证固井质量。间隙值最小一般为 9.5~12.7mm (3/8~1/2in) 范围,最好为 19mm (3/4in)。

2) 套管与井眼尺寸标准配合

目前,国内外所生产的套管尺寸及钻头尺寸已标准系列化。套管与其相应井眼的尺寸配合基本确定或在较小范围内变化。

图 2-5 给出了套管与井眼尺寸选择表。使用该表时,先确定最后一层套管(或尾管)尺寸。图中的流程表明要下该层套管可能需要的井眼尺寸。实线表明套管与井眼尺寸的常用配合,它有足够的间隙以下入该套管及注水泥。虚线表示不常用的尺寸配合(间隙较小)。如果选用虚线所示的组合时,则必须对套管接箍、钻井液密度、注水泥及井眼曲率大小等应予以考虑。

5. 大港储气库井身结构优化设计应用实例

1) 大张坨储气库

(1) 地质概况。大张坨凝析油气藏地层由上到下有第四系平原组、新近系明化镇组、馆陶组、古近系东营组和沙河街组,不存在特殊岩性,仅有馆陶组底部有砾岩存在。该地区储层埋深 2800m 左右,建库前地层压力系数为 0.73,地下温度为 90℃左右,地层水为 $NaHCO_3$ 水型。

(2) 老井钻井情况。大张坨凝淅油气藏于 1975 年开发,钻成了板 52、板 53 两口井,两口井均为二开直井,钻井周期分别为 37 天和 38 天,在钻井过程中没有出现复杂层段。1994 年,钻成了坨注 1 和坨注 2 两口注气井,用于循环注气,增加储层能量,提高凝淅油的采收率。坨注 1 和坨注 2 是两口直井,采用了三开井身结构,ϕ244.5mm 技术套管下深为 2000m 左右,封住馆陶组底部。这两口井的钻井周期分别为 41 天和 28 天,钻井过程中比较顺利,没有出现由地层引起的复杂现象和事故。为了勘探深层油气藏,在该断块上陆续钻过板 57 井等预探井,各井的钻井施工都很顺利。实践表明,大张坨断块的地层比较稳定,没有异常压力和异常岩性地层。

(3) 地层压力情况。从地层压力也可看出,储气层上覆岩层的孔隙压力、坍塌压力和破裂压力都是正常的,仅在沙一中亚段有大段泥岩盖层,其坍塌压力

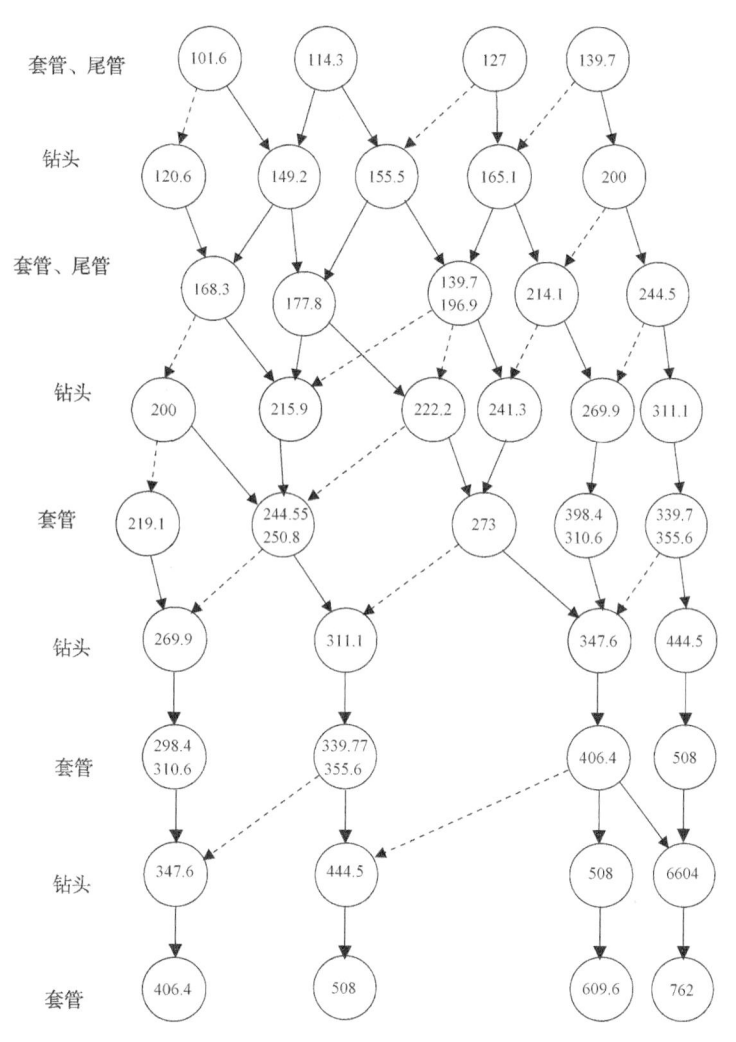

图 2-5　套管与井眼尺寸选择表（单位：mm）

高于其他地层，坍塌压力系数大约为 1.15~1.18。受开发影响，储气层的孔隙压力系数下降到 0.73。

（4）钻井方式的选择。大张坨储气库库址在独流减河泄洪区内，根据地面状况布置两个井场，采用丛式井钻井方式。定向井钻井施工比钻直井要复杂，定向施工时间较长，在正常钻进中要不断地跟踪测斜，为了控制好井眼轨迹需要多次起下钻更换钻具组合，因此必须保证浅层井眼在钻井液长时间浸泡下井壁的稳定。

在钻新井时要注意两个关键问题：一是要加强对储气层的保护，防止钻井过程中对储气层造成较大伤害;二是要保证在钻进下部井眼时,浅层井眼不垮塌。

(5) 井身结构确定。根据研究分析,制订了两种井身结构方案,即二开和三开井身结构。二开井身结构在下完表层套管后,直接钻进到设计井深,下入生产套管。三开井身结构在下完表层套管后,钻进到接近储层或储层顶部时首先下入一层中间套管,然后揭开储层钻进到设计井深,再下入生产套管。

二开井身结构的主要特点是钻井速度快,钻井成本低,但对储层保护不利。三开井身结构的特点是钻井周期较长,钻井成本高,但有利于储层保护,在钻进储层井段时,可充分降低钻井液密度,或者使用无固相低密度优质完井液进行钻井,能够较大程度地避免钻井期间对储层的伤害。为了加快储气库建设速度,降低建设成本,选择了二开井身结构,同时制定了一系列储层保护措施。为使整个储气库的建设顺利进行,保证在钻井施工中不出现复杂情况,不耽误工期,将表层套管延伸至700~1000m,防止浅层流沙层、黏土层等松软易造浆地层的垮塌。大张坨储气库地面处于河道、泄洪区,地表为湿地,有较厚的淤泥层或沙土层,为保证表层井眼的安全钻井,防止钻井液将井口冲毁,开钻之前在井口下入50m的导管用来建立循环,同时,导管能够防止地面积水在冬天结冰膨胀而挤毁井口。二开井身结构示意图如图2-6所示,三开井身结构示意图如图2-7所示。

(6) 井身结构优化设计。

根据注采完井设计要求,生产套管尺寸确定为 $\phi177.8mm$。为了保证 $\phi177.8mm$ 套管的固井质量,二开井眼钻头尺寸选择 $\phi241.3mm$ 较为合适。因此上部表层套管尺寸有两种选择:一是 $\phi339.7mm$ 套管;二是 $\phi273.1mm$ 套管。按常用套管尺寸系列,应选用 $\phi339.7mm$ 的套管,但考虑到 $\phi241.3mm$ 钻头与 $\phi339.7mm$ 套管的内径相差较大,在钻 $\phi241.3mm$ 井眼时,钻井液在 $\phi339.7mm$ 套管内的返速较小,很可能会造成钻屑大量沉降到井底,影响钻进。因此,决定选用 $\phi374.6mm$ 钻头钻进表层井眼,下入 $\phi273.1mm$ 套管,缩小下部井眼与上部套管的直径之差,提高钻井液在上部套管内的返速,将钻屑及时带出井口,防止钻屑不能及时被清洗出井眼而造成卡钻。导管尺寸选用了 $\phi508mm$,能够保证 $\phi374.6mm$ 钻头的顺利通过。大张坨储气库注采井井身结构示意图如图2-8所示。

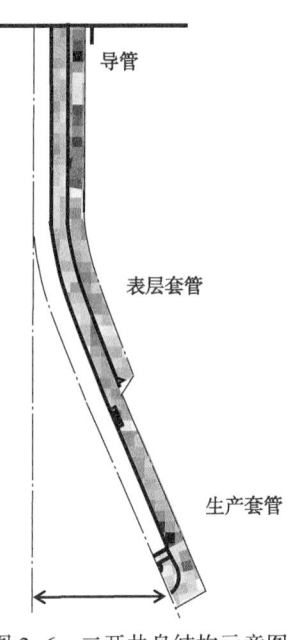

图 2-6 二开井身结构示意图

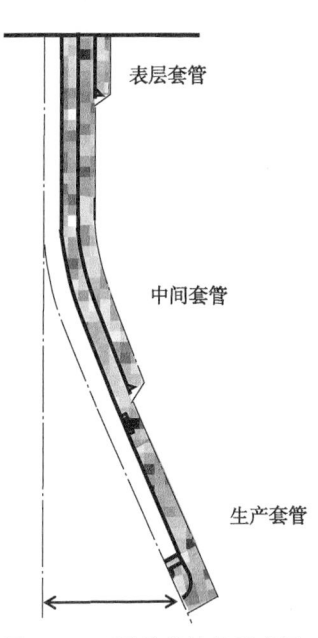

图 2-7 三开井身结构示意图

导管：ϕ660.4mm钻头×53m
ϕ508.0mm套管×50m
固井水泥返至地面

表层套管：ϕ374.6mm钻头×(703~1003m)
ϕ273.1mm套管×(700~1000m)
固井水泥返至地面

分级箍位置：2000m

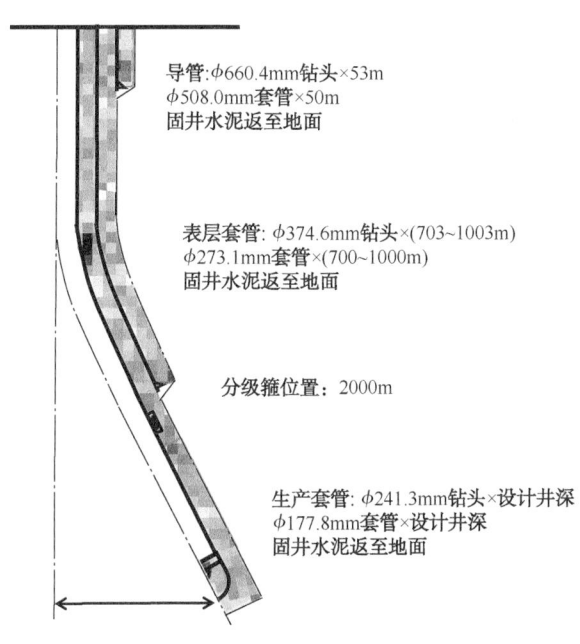

生产套管：ϕ241.3mm钻头×设计井深
ϕ177.8mm套管×设计井深
固井水泥返至地面

图 2-8 大张坨储气库注采井井身结构示意图

2）板 876 储气库

（1）地质概况。板 876 储气库地面上是浅海水域，深 0.5~1m。油气藏位于大张坨断层上升盘，为一被大张坨断层及其衍生断层切割封闭断块内的背斜构造，油气藏埋藏深度为 2200~2340m。储气层为古近系沙一段下部板Ⅱ油组，有效厚度 6.6m。实测地层孔隙压力系数为 0.3676，地层温度为 70℃左右，地层水为 $NaHCO_3$ 水型。

（2）区块开发情况。板 876 油气藏自 1978 年投入开发至 1998 年开采枯竭，共完钻 16 口井。板 876 断块的地层较稳定，层序比较正常，地层压力无异常，因此钻井施工都比较顺利。其中有两口井出现过黏卡现象，是与过去钻井液技术的落后有很大关系，经过技术的发展，20 世纪 90 年代该地区的钻井就已避免了黏卡现象。

（3）地层压力情况。板 876 油气藏由于开采时间长，地层压力下降严重，钻井施工前，实测地层压力系数仅为 0.3676。

（4）钻井方式的选择。板 876 储气库采用丛式井钻井方式。定向井钻井施工比钻直井要复杂，定向施工时间较长，在正常钻进中要不断地跟踪测斜，为了控制好井眼轨迹需要多次起下钻更换钻具组合，因此必须保证浅层井眼在钻井液长时间浸泡下的井壁稳定。

（5）井身结构优化设计。由于储气层压力系数很低，井身结构的设计思路是储层专打，将中间套管下到储气层顶部，在揭开储气层时采用低密度优质钻井液，对储气层进行有效的保护。根据注采完井设计要求，生产套管尺寸确定为 $\phi177.8mm$。采用储层专打结构，5 口新钻注采井三开裸眼井段长度 100m 左右，最大井斜角不超过 30°。一开、二开的井眼和套管尺寸可以根据图 2-5 确定。为了保证生产套管固井质量，分级箍位置在距离井底 600m 左右。板 876 储气库套管程序和注采井井身结构示意图分别见表 2-3、表 2-4 和图 2-9。

表 2-3 板 876 储气库套管程序

开钻次序	钻头尺寸（mm）	套管尺寸（mm）
一开	444.5	339.7
二开	311.2	244.5
三开	215.9	177.8

表 2-4 板 876 储气库注采井井身结构数据

井号	一开深度（m）	二开深度（m）	三开深度（m）	三开分级箍深度（m）	剖面类型
库 2-1	240	2315	2405	1798.63~1799.31	三段制
库 2-2	218	2267	2362	1741.96~1742.65	五段制

续表

井号	一开深度（m）	二开深度（m）	三开深度（m）	三开分级箍深度（m）	剖面类型
库2-3	211	2250	2345	1707.05~1707.74	五段制
库2-4	201	2225.5	2331	1730.52~1731.21	三段制
库2-5	222	2244	2346	1705.44~1706.12	三段制

一开：φ444.5mm钻头×(201~240m)
φ339.7mm套管×(200~239m)
固井水泥返至地面

二开：φ311.1mm钻头×2244m
φ244.5mm套管×2242.10m
固井水泥返至地面

分级箍位置：距井底600m左右

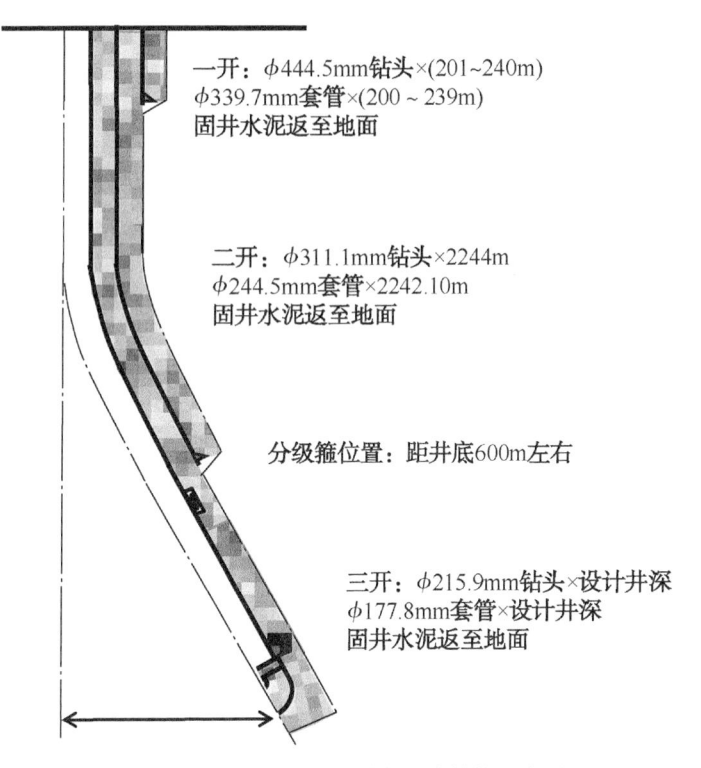

三开：φ215.9mm钻头×设计井深
φ177.8mm套管×设计井深
固井水泥返至地面

图2-9 板876储气库注采井井身结构示意图

3）板南储气库

（1）地质概况。大港板南储气库板G1断块地层由上到下为第四系，新近系明化镇组、馆陶组，古近系东营组和沙河街组，井深度大约3400m左右，原始地层压力32MPa，地层温度118℃。

（2）区块开发情况。板G1断块内共有几十口老井，大多是三开完井，东营组钻井液密度为1.20~1.25g/cm³，沙一段钻井液密度为1.30~1.33g/cm³，沙三段钻井液密度为1.30~1.34g/cm³。

（3）地层压力情况。板G1断块建库前地层压力为11MPa，水型为$NaHCO_3$水型。

(4) 钻井方式。板 G1 储气库采用丛式井钻井方式。钻井过程中一是要加强储气层的保护；二是要保证在钻进下部井眼时，浅层井眼不垮塌。

(5) 井身结构优化设计。根据注采完井设计要求，生产套管尺寸确定为 ϕ177.8mm，表层套管封固平原组流沙及软土层，保护地下水；技术套管封固馆陶组，为三开钻井创造条件；生产套管封固储层，射孔完井。为了保证生产套管固井质量和井筒完整性，采用回接筒固井方式，回接筒安放在上层技术套管鞋以上 150m 左右位置，其井身结构示意图如图 2-10 所示。

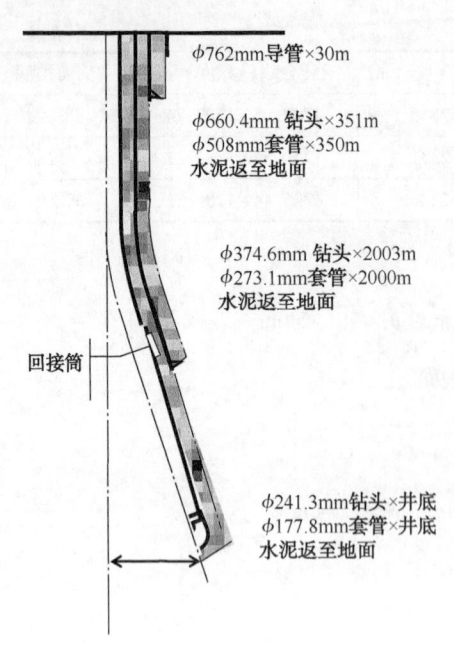

图 2-10 板南储气库注采井井身结构示意图

第五节　钻井液设计

利用枯竭油气藏建设地下储气库，在新钻注采井时，保护储气层十分关键。因储气层压力严重亏损，必须尽可能减少钻井液滤液进入储气层和防止井漏的发生，同时尽量减少固相颗粒堵塞喉道，提高渗透率恢复值，保证注采井能够达到设计注采能力。因此，利用枯竭油气藏建设储气库新钻注采井时，钻井液除具有一般作用外，还必须具有以下作用：

(1) 钻井液的密度、抑制性、滤失造壁性和封堵能力等能满足所钻地层要求，保证井壁稳定；

(2) 控制地层流体压力，保证正常钻井；

(3) 钻井液体系保持一个合理的级配，减少钻井液固相对储层的伤害；

(4) 钻井液液相与地层配伍性好；

(5) 钻井液体系对黏土水化作用有着较强的抑制能力；

(6) 为保证有效的清洗井底，携带岩屑，钻井液必须具有相应的流变特性；

(7) 改善造壁性能，提高滤饼质量，稳定井壁，防止井塌、井漏等井下复杂情况。

一、钻井液体系优选

根据所钻地层压力、岩石组成特性及地层流体情况等条件不同,所选择的钻井液体系也不同,所选钻井液体系必须具有保证钻井施工的功能,又能满足保护储气层的要求。

储气库钻井液主要围绕以下因素进行优化设计:

(1) 钻井液的密度可根据井下情况和钻井工艺要求进行调整;

(2) 体系的抑制性、造壁性、封堵能力满足所钻地层要求;

(3) 体系与地层水的配伍性对地层中敏感性矿物的抑制能力满足所钻地层要求;

(4) 与储气层中液相的配伍性,体系不与地层水发生沉淀,不与油气发生乳化;

(5) 与储气层敏感性的配伍性;

(6) 按照储气层孔喉结构的特点,控制钻井液中固相的含量及其级配,减少钻井液固相粒子对储气层的伤害;

(7) 注意防止钻井液对钻具、套管的腐蚀。

(8) 对环境无污染或污染可以消除;

(9) 成本低,应用工艺简单。

由于各地区地层差异,对钻井液体系的选择要求不尽相同,下面以大港储气库为例,介绍几种钻井液体系。

1. 聚合物钻井液体系

1) 组成

聚合物钻井液体系因其主处理剂为聚丙烯类高分子聚合物而得名,基本组分为大分子抑制剂、小分子防塌降失水剂、聚合物降黏剂、防塌剂、润滑剂、油层保护剂、其他处理剂等。

2) 特点

(1) 固相含量低,且亚微米粒子所占比例也低。这是聚合物钻井液的基本特征,是聚合物处理剂选择性絮凝和抑制岩屑分散的结果,对提高钻井速度是极为有利的。对不使用加重材料的钻井液,密度和固相含量大约是成正比的。大量室内实验和钻井实践均证明,固相含量和固相颗粒的分散度是影响钻井速度的重要因素。

（2）具有良好的流变性,主要表现为较强的剪切稀释性和适宜的流态。聚合物钻井液体系中形成的结构由颗粒之间的相互作用、聚合物分子与颗粒之间的桥联作用以及聚合物分子之间的相互作用所构成。结构强度以聚合物分子与颗粒之间桥联作用的贡献为主。在高剪切作用下,桥联作用被破坏,因而黏度和切力降低,所以聚合物钻井液具有较高的剪切稀释作用。

（3）具有良好的触变性。触变性对环形空间内钻屑和加重材料在钻井液停止循环后的悬浮问题非常重要,适当的触变性对钻井有利。钻井液流动时,部分结构被破坏,停止循环时能迅速形成适当的结构,均匀悬浮固相颗粒,这样不易卡钻,下钻也可以一次到底。如果触变性太大,形成的结构强度太高,则开泵困难,易导致压力激动,可能憋漏易漏失地层。

（4）钻井速度高。聚合物钻井液固相含量低、亚微米粒子比例小、剪切稀释性好、卡森极限黏度低、悬浮携带钻屑能力强、洗井效果好,这些优良性能都有利于提高机械钻速。在相同钻井液密度的条件下,使用聚丙烯酰胺钻井液时的机械钻速明显高于使用钙处理钻井液时的机械钻速。

（5）稳定井壁的能力较强,井径比较规则。只要钻井过程中始终加足聚合物处理剂,使滤液中保持一定的含量,聚合物可有效地抑制岩石的吸水分散作用。合理地控制钻井液的流型,可减少对井壁的冲刷。这些都有稳定井壁的作用。在易坍塌地层,通过适当提高钻井液的密度和固相含量,可取得良好的防塌效果。

（6）对储气层的伤害小,有利于保护储气层。由于聚合物具有良好的抑制特性,可以防止黏土水化分散,因而有利于钻井液保持适当的颗粒级配,减少了细颗粒成分,特别是亚微粒子浓度,降低钻井液中的膨润土含量,可以防止黏土微颗粒堵塞砂岩孔隙通道,减少固相伤害,具有较好的保护储气层作用。

（7）可防止井漏的发生。一方面,由于聚合物钻井液一般比其他类型钻井液的固相含量低,在不使用加重材料的情况下,钻井液的液柱压力就低得多,从而降低了产生漏失的压力;另一方面,聚合物钻井液在环形空间的返速较低,钻井液本身又具有较强的剪切稀释性和触变性,因此钻井液在环形空间具有一定的结构,一般处于层流或改型层流的状态,使钻井液不容易进入地层孔隙,即使进入孔隙，渗透速度也很慢，钻井液在孔隙内易逐渐形成凝胶而产生堵塞。另外，聚合物分子在漏失孔隙中可吸附在孔壁上，连同分子链上吸附的其他黏土颗粒一起产生堵塞；当水流过时，这些吸附在孔壁上的亲水性大分子有伸向孔隙中心的趋势，形成很大的流动阻力。因此，综合以上因素，聚合物钻井液具有良好的防漏作用。

2. 有机硅防塌钻井液体系

1）组成

有机硅钻井液体系是一种新型的钻井液体系，主要由稳定剂、稀释剂、硅腐钾等处理剂组成，由于该体系的抗温能力强、润滑防塌效果好而广泛应用。体系基本处理剂有稳定剂、稀释剂、防塌剂、润滑剂、屏蔽暂堵剂以及其他处理剂等。

2）特点

（1）防塌抑制能力强。硅分子能吸附在泥页岩表面，阻止黏土与水直接接触，降低了黏土的水化膨胀，达到了抑制效果。

采用大张坨储气库 K1 井不同井深的岩屑，与不同的钻井液体系进行比较，测量岩屑的回收率。从表 2-5 中的数据可以看出，有机硅钻井液体系和聚合物钻井液体系都有较好的抑制性；有机硅体系与聚合物体系的 1.27mm 岩屑回收率相比，前者稍微好于后者；有机硅体系回收的岩屑圆度比聚合物体系略差，说明有机硅钻井液体系有比聚合物有更好的抑制性。这是因为有机硅分子中的 Si—OH 键容易与黏土缩聚成 Si—OH—Si 键，形成牢固的化学吸附层，从而阻止和减缓了黏土表面的水化作用，有效地防止泥页岩水化膨胀，因而具有良好的抑制能力。

表 2-5 不同钻井液体系岩屑回收率对比

取样深度 (m)	不同钻井液体系不同岩屑尺寸对应的回收率			
	聚合物钻井液体系		有机硅钻井液体系	
	2.54mm	1.27mm	2.54mm	1.27mm
2150	77.7	89.5	86	94.8
2380	70.2	88	85.6	96.7
2560	66.2	88	73.3	90.1
2670	43.5	87	73	91.1
2820	69	89	83.6	92.4
2940	76	90	86.6	93.7

(2) 钻井液性能稳定。该体系起到包被钻屑和稳定页岩作用，使钻屑保持很好的完整性，避免钻屑相互黏结，有利于防止井下事故复杂的发生。

(3) 固相容量高。该钻井液动塑比高、低剪切速率黏度高，具有良好的流变性能和悬浮携砂能力，抗岩屑污染能力强，性能稳定，容易维护。

(4) 抗温能力强。钻井液体系抗温可达到200℃，能基本上满足深井、高温井施工。

(5) 具有良好的保护储气层特性。该体系采用成膜封堵储气层保护技术，有利于储气层保护，渗透率恢复值较高。

利用大张坨储气K1井的岩心，进行渗透率恢复值的测定。聚合物钻井液、有机硅钻井液的渗透率恢复值分别为为78.81%和88.27%，采用有机硅体系的岩心渗透率恢复值比采用正电胶和两性复合离子体系的高出约10%。

3. 无固相KCl聚合物钻井液体系

1) 组成

无固相KCl聚合物钻井液体系，是以有机盐为主抑制剂研究形成的一类无固相盐水钻井液体系，主要由抗盐强包被抑制剂、抗盐提切剂、抑制润滑剂、抑制防塌剂、抗盐抗高温降滤失剂等组成。

2) 特点

无固相KCl聚合物钻井液抑制性强，防塌效果好，抗温能力可达到220℃以上，抗盐、膏污染能力强，并具有良好的储层保护功能，是解决储层专打的首选钻井液体系。

3) 性能评价

(1) 无固相KCl聚合物钻井液抗土污染实验。

从表2-6实验数据可以看出，无固相KCl聚合物钻井液在室温和高温下都具有良好的抑制能力，能很好地抑制土相在钻井液中的分散，使体系黏度、切力都保持基本不变。

表2-6 抗土污染实验

配方	实验温度	API失水量 (mL)	pH值	表观黏度 AV (mPa·s)	塑性黏度 PV (mPa·s)	动切力 YP (Pa)	初切/终切 (Pa)
优选配方	室温	5.2	8	30	17	13	4.5/7.5
优选配方+1%膨润土	室温	4.6	8.5	35	20	15	5.0/8.0
	老化	4.8	8.5	30.5	17	13.5	5.0/7.5

续表

配 方	实验温度	API 失水量（mL）	pH 值	表观黏度 AV（mPa·s）	塑性黏度 PV（mPa·s）	动切力 YP（Pa）	初切/终切（Pa）
优选配方+2%膨润土	室温	4.0	8.5	33	18	15	5.0/8.5
	老化	4.5	7.5	32.5	17	15.5	5.0/8.5
优选配方+3%膨润土	室温	4.2	8.5	40	23	17	6.0/9.0
	老化	4.6	7.5	35	22	13	6.0/8.0
优选配方+5%膨润土	室温	4.0	8.5	42	24	18	6.5/9.0
	老化	4.2	7	43	23	20	5.5/8.5

注：老化条件为120℃恒温16h。

（2）浸泡实验和回收率实验。

从表2-7实验数据可以看出，无固相KCl聚合物钻井液比常用的钻井液对钻屑的抑制作用强，仅次于油基钻井液体系。

表2-7 浸泡实验和回收率实验

钻井液类型	岩屑回收率（%）	板876储气库库2-1井钻屑浸泡效果描述（浸泡7天）
清水	24	钻屑浸泡后四分五裂，呈糊状
两性离子聚合物	87	钻屑出现裂纹，用手掰开，里面潮湿
无固相KCl聚合物	97	钻屑保持原状，外面包裹一层聚合物膜
油基钻井液	99	钻屑保持原状

（3）页岩膨胀实验。

选用该钻井液体系对板876储气库库2-1井岩屑进行页岩膨胀实验，结果表明，无固相KCl聚合物钻井液具有较强的抑制水化作用，明显优于其他常用钻井液体系，结果见表2-8。

表2-8 页岩膨胀实验研究

体 系	聚磺钻井液体系	聚合物钻井液体系	无固相KCl聚合物钻井液体系
膨胀量（mm/8h）	3.21	2.87	1.82

（4）储气层保护效果评价。

采用岩心流动装置，进行静态污染评价实验，结果见表2-9。

实验数据表明无固相KCl聚合物渗透率恢复值达到89.3%，储层保护效果良好。

表 2-9　静态污染评价实验

岩样号	体系	K_a (mD)	K_o (mD)	K_d (mD)	渗透率恢复值 (%)
1	聚合物钻井液体系	71.6	46.1	35.96	78
2	无固相 KCl 聚合物钻井液体系	45.9	28.16	25.15	89.3
3	油基钻井液体系	110.8	90.7	83.44	92

二、钻井液参数确定及性能维护

1. 钻井液密度确定

钻井液密度是关系到井下安全、钻井速度及保护储气层的重要参数。钻井液密度主要采用三压力预测值来确定，同时用化学方法解决井壁稳定问题，并考虑其流变性能。在化学方法、流变性能解决不了井壁坍塌的情况下，再考虑适当提高钻井液密度。由于储气层孔隙压力较低，钻井液密度应在达到维持井壁稳定的前提下，尽可能选择较低的密度，使井下复杂事故减到最小。

1) 孔隙压力、坍塌压力和破裂压力预测过程

(1) 利用邻井的声波、电阻率、伽马、自然电位、密度、泥质含量和井径测井成果，计算地层的弹性参数和强度参数。

(2) 根据地层弹性、强度参数及密度测井资料，计算上覆岩层压力和最大、最小水平地应力。

(3) 利用声波和电阻率资料检测地层孔隙压力，通过两种方法预测结果对比，结合区块实测压力数据选出最佳预测结果。

(4) 利用套管鞋试漏数据反算构造应力系数。

(5) 利用摩尔—库仑剪切破坏准则和拉伸破坏准则，预测地层坍塌压力和破裂压力。

2) 大港储气库地层压力预测结果

(1) 孔隙压力。

明化镇组以上地层基本为正常压力，馆陶组的孔隙压力当量密度达到 1.05~1.08g/cm³，东营组为 1.08~1.10g/cm³，沙一中亚段升至全井最高值 1.13g/cm³，之后逐渐降低至 1.09g/cm³ 以下。

(2) 坍塌压力。

上部井段坍塌压力较小,明化镇组坍塌压力当量密度最高为 1.10g/cm³,馆陶组达到 1.16~1.20g/cm³,东营组为 1.13g/cm³,沙一上亚段、沙一中亚段升至 1.22g/cm³,在沙一下亚段底部达到全井最高值 1.23g/cm³。从邻井的实钻情况来看,钻井液密度控制在 1.17~1.23g/cm³,所钻井未出现复杂情况。

(3)破裂压力。

破裂压力随井深增大的趋势不明显。明化镇组的破裂压力当量密度在 1.62~1.74g/cm³ 之间波动,馆陶组、东营组上升至 1.70~1.75g/cm³,沙一段达到 1.70~1.80g/cm³。

图 2-11 为地层压力预测曲线。

2. 钻井液固相控制

钻井液中的固相颗粒对钻井液的密度、黏度和切力有着明显的影响,而这些性能对钻井液的水力参数、钻井速度、钻井成本和井下情况有着直接的关系。

钻井液中固相含量高可导致形成厚的滤饼,容易引起压差卡钻;形成的滤饼渗透率高,滤失量大,造成储层伤害和井眼不稳定;造成钻头及钻柱的严重磨损;尤其是造成机械钻速降低,因此保证全井钻井液低固相含量是至关重要的。

固相控制方法有:

(1)大池子沉淀;

(2)清水稀释;

(3)替换部分钻井液;

(4)利用机械设备清除固相。

为了最大限度地清除钻井液中的无用固相,保证钻井液维持低固相含量,储气库钻井现场要求采用五级净化设备,即配备振动筛、除泥器、除砂器、离心机、除气器,并保证发挥设备使用有效率。

3. 大港储气库各井段钻井液维护措施

1)ϕ660.4mm 井眼

(1)开钻前以优质膨润土加纯碱配制优质膨润土浆,待膨润土浆 48h 充分水化后方可开钻。

(2)钻完一开进尺后,大排量充分洗井,保证表层套管顺利下入。

2)ϕ374.6mm 井眼

(1)开钻前对钻井液进行预处理,加入 KPAM,NH_4-HPAN 和 SAS。

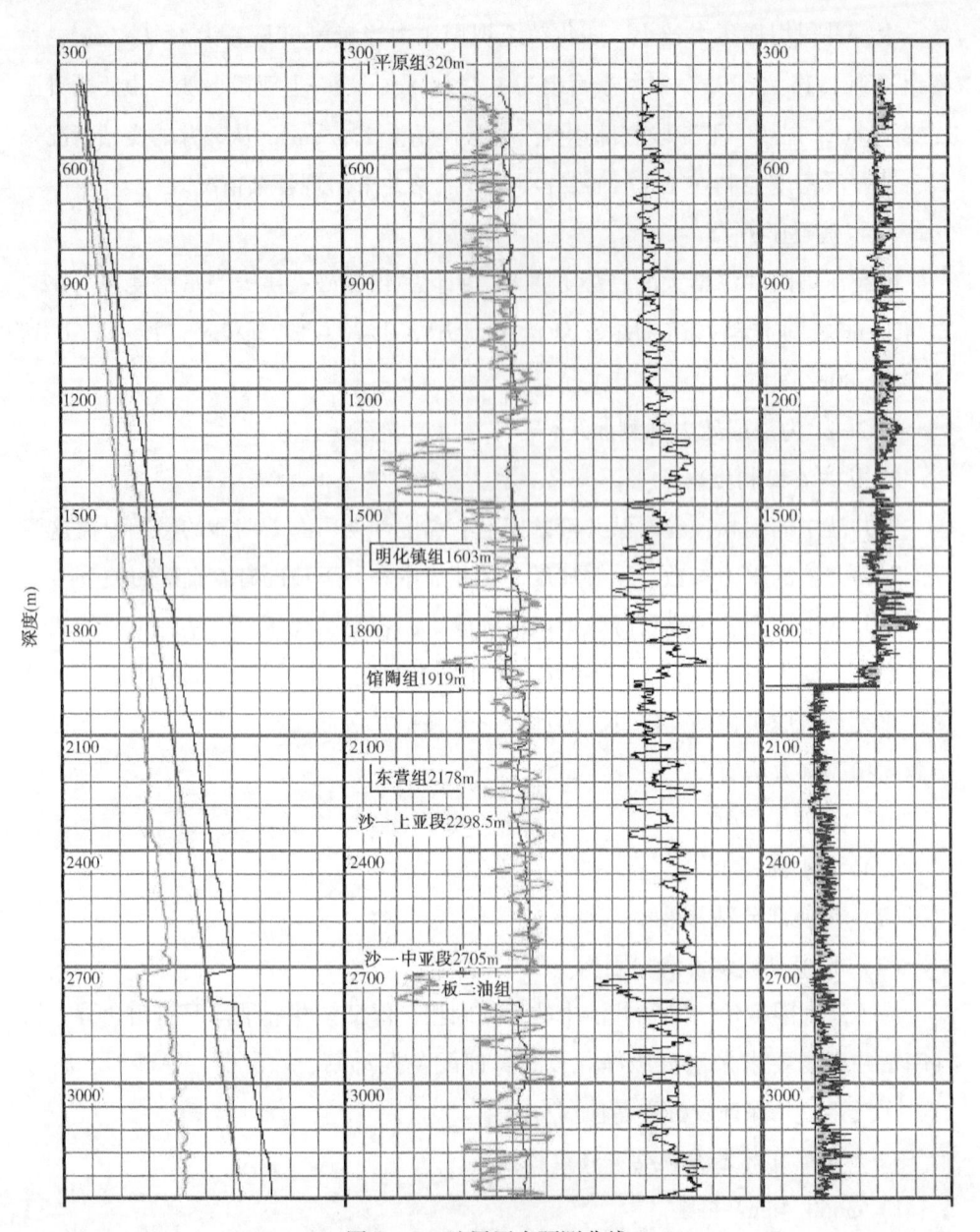

图 2-11 地层压力预测曲线

（2）钻水泥塞时加入适量纯碱，防止水泥污染钻井液。

（3）钻进时按 3~5kg/m 补充聚合物（大小分子配比 1:1），保证钻井液具有强抑制性能，控制地层造浆，用清水或降黏剂调整钻井液黏切和流变参数。

（4）造斜段钻井液中混入原油和乳化剂，提高钻井液润滑性，降低摩阻。

（5）用好固控设备，保证较低的固相含量，确保钻井液有良好的流动性。

（6）完钻前 50m 调整好钻井液各项性能，加足各种处理剂，完钻后大排量充分洗井，保证中间套管顺利下入。

3）ϕ241.3mm 井眼

（1）三开钻进前将原钻井液除去有害固相，并加水稀释，然后补充大钾、NH_4-HPAN；为提高防塌造壁能力，加入 SAS；定期混入原油，提高润滑性，使摩阻系数小于 0.08。

（2）明化镇组要抑制地层造浆，漏斗黏度控制在 30~40s，要用好固控设备，保持较低固相含量。

（3）进入馆陶组要注意防漏，同时注意浅气层，提前在钻井液中加入适量单向压力封闭剂，提高地层承压能力，在防漏的同时防止气侵。

（4）进入东营组，在原聚合物体系基础上将钻井液转换成有机硅钻井液体系，加入 GWJ、GXJ 和 G-KHM，处理剂加量要根据井下情况及现场化验结果调整，各种处理剂以胶液方式补充。

（5）井眼净化：由于开始时黏度较低，净化问题以合理的流变参数、工程措施以及在钻井液体系中加入携砂粉来解决。下部钻进中利用振动筛、除砂器，清除钻屑；离心机清除劣质土，控制含砂小于 0.3%，膨润土含量小于 50~60g/L，固相含量小于 17%。

（6）采用屏蔽暂堵技术保护储气层。进入储气层前，调整钻井液性能参数达到设计要求，加入复合油溶暂堵剂，采用双向屏蔽阻止或减少固、液的侵入，要求渗透率恢复值大于 80%。

（7）钻进过程中要密切注意井口，加强观察液面变化，及时调整好钻井液性能参数。

（8）在钻进过程中如果发生井漏，根据漏速情况及时加大钻井液中复合油溶暂堵剂用量（或加入复合堵漏剂）以有效抑制井漏。如果钻井过程中井壁出现掉块、坍塌现象，可增大 KHM 和防塌剂加量，防止井壁的失稳。

（9）钻完进尺后，要大排量清洗井眼，保证井眼清洁，起钻电测前加入适量塑料微珠封住裸眼井段，保证电测、下套管顺利。

三、大港储气库钻井液应用效果

大张坨储气库新钻注采井共 12 口井，K1 井、K3 井、K4 井、K8 井、K9 井和K10井采用全井聚合物钻井液体系；K2井、K5井、K6井、K7井、K11井和K12井在馆陶组底前采用聚合物钻井液体系，在东营组以下采用有机硅防塌钻井液体系。总体实施情况看，体系基本上与地层特性相配伍，满足了钻井工程需要，并取得了良好的技术经济效益和社会效益。

（1）满足了录井、测井取全取准资料的需要。应用聚合物钻井液和有机硅防塌钻井液，消除了钻井液对测井解释的影响，提高了测井解释质量。

（2）有利于钻井速度的提高。

（3）减少了井下复杂事故，提高固井质量。

（4）降低了对储气层的伤害，有利于保护储气层。

（5）有利于环境保护。

1. 钻井速度快

大张坨储气库新钻12口注采井的平均机械钻速为15.03m/h，较同区块老井平均机械钻速（11.05m/h）明显提高，各井实际机械钻速见表2-10。

表2-10 大张坨储气库注采井机械钻速统计表

井号	钻井液类型	钻具组合	井深（m）	机械钻速（m/h）
K1	聚合物	H517+稳斜钻具	2990	17.23
K2	聚合物、有机硅	H517+稳斜钻具	2850	11.48
K3	聚合物	H517+稳斜钻具	2830	14.49
K4	聚合物	H517+稳斜钻具	2846	19.76
K5	聚合物、有机硅	H517+稳斜钻具	2753	18.08
K6	聚合物、有机硅	PDC+取芯筒	2675	19.53
K7	聚合物、有机硅	H517+稳斜钻具	2779	18.29
K8	聚合物	H517+稳斜钻具	2875	12.88
K9	聚合物	H517+稳斜钻具	2815	15.35
K10	聚合物	H517+稳斜钻具	2810	12.05
K11	聚合物、有机硅	H517+稳斜钻具	2795	9.89
K12	聚合物、有机硅	H517+稳斜钻具	2890	11.28

2. 有利于工程施工和井下安全

通过K1—K12井采用聚合物、有机硅防塌钻井液体系应用表明，上部地层采用聚合物钻井液，使泥页岩造浆得到了有效抑制，杜绝钻头泥包、抽吸、缩径等复杂情况；下部地层采用有机硅防塌钻井液体系和适当钻井液密度及滤失量，使泥页岩坍塌得到了有效控制,基本上没有坍塌事故发生;由于采取了有效的防漏措施,大张坨储气库所钻12口井基本上没有发生漏失;采用原油、固体润滑剂润滑,全井没有发生卡钻事故;由于采用了与地层相配伍的钻井液体系,井眼规则,测井一次成功率高,缩短了完井时间。

3. 有利于保护储气层

由于有机硅防塌钻井液具有较强的抑制性,化学防塌效果显著,十分有利于井眼稳定;控制钻井液密度及较低滤失量,不仅有效地保护了储气层,而且提高了机械钻速、缩短了钻井时间、避免了复杂事故的发生。

大张坨储气库钻井液性能见表2-11,从表中可以看出,滤失量、总固相含量、膨润土含量均较低。

4. 有利于电测及提高固井质量

由于钻井液体系中固相含量、滤失量较低,一方面井眼较规则(ϕ374.6mm井眼扩大率平均为6.37%;ϕ241.3mm井眼扩大率平均为5.57%),12口新钻注采井电测一次成功率较高。另一方面全部固井质量达到优质水平。井径扩大率及电测统计见表2-12。

表2-11 大张坨储气库钻井液性能表

井号	完井钻井液密度（g/cm³）	API 滤失量/滤饼厚度（mL/mm）	含砂量（%）	HTHP 滤失量/滤饼厚度（mL/mm）	固相含量（%）	MBT（g/L）	θ_{300}	θ_{600}
K1	1.18~1.20	3.6/0.5	0.3	12/3	22	65	32	52
K2	1.18~1.20	4/0.5	0.3	12/2	20	70	22	36
K3	1.18~1.22	4/0.5	0.3	12/2.5	17	65	40	62
K4	1.18~1.20	3.8/0.5	0.2	10/2	22	60	32	50
K5	1.18~1.20	3.5/0.5	0.3	8/1.0	12	54	32	52
K6	1.18~1.20	4/0.5	0.3	12/2	13	65	24	37
K7	1.18~1.20	4/0.5	0.3	12/3	13	47	34	57
K8	1.17~1.20	3.8/0.5	0.3	14/3	10	60	34	53
K9	1.18~1.20	3.6/0.5	0.3	12/0.5	15	60	35	58
K10	1.20	4.0/0.5	0.1	12/3	19.5	65	32	49
K11	1.15~1.20	3/0.5	0.3	12/2	10	55	42	66
K12	1.18~1.20	3.5/0.5	0.3	12/3	15	62	42	64

表 2-12 大张坨储气库注采井井径扩大率及电测统计表

井号	φ374.6mm 井眼平均扩大率（%）	φ241.3mm 井眼平均扩大率（%）	测井一次成功率
K1	8.4	2.74	二次
K2	3.8	5.38	一次
K3	1.8	7.95	二次
K4	6.05	5.96	一次
K5	6.19	4.75	一次
K6	10.75	5.61	一次
K7	4.93	2.56	二次
K8	3.2	6.92	一次
K9	13.04	6.47	一次
K10	1.3	9.21	一次
K11	10.95	7.57	一次
K12	6.03	1.70	二次

第六节 固井设计

一、储气库注采井对固井质量的要求

储气库注采井由其功能决定了必须有较强的安全可靠性和尽可能长的使用寿命，因此储气库注采井的固井质量应满足以下要求：

（1）由于长期处于注气、采气循环交变工况条件下，套管需要长期承受由于温度变化和井内压力变化所造成的交变应力，由此使套管柱产生变形和弯曲。因此，注采井的水泥浆必须返至地面。

（2）由于储气库大多建在枯竭的油气藏上，储气层压力系数低，而水泥封固段要求较长，因此必须采用平衡压力固井，尽量降低固井过程中的井底压差，减少储气层受到的水泥浆伤害。

（3）储气层及盖层固井应使用具有柔韧性的微膨胀水泥体系。储气层处水泥石强度要有很好的胶结质量并满足射孔要求，其余井段的水泥石强度应达到支承套管轴向载荷的要求。

（4）储气库注采井的生产套管在长期交变应力条件下应具有可靠的气密封性和足够的强度储备系数，以满足较长的使用寿命；应根据储气库运行压力按不同工况采用等安全系数法进行设计和三轴应力校核。

二、固井水泥浆性能参数及要求

1. 水泥浆的性能

由于固井工程的特殊性，水泥配制成浆体，要适应注替过程、凝固过程和硬化过程等各方面需要，因此水泥浆应具备以下特性：

（1）能根据需要配制成不同密度的水泥浆，均质、不沉降、不起泡，具有良好的流动度，适宜的初始稠度，游离液控制为零；

（2）易混合、易泵送，分散性好，摩擦阻力小；

（3）流变性好，顶替效率高；

（4）在注水泥、候凝、硬化期间能保持需要的物理性能及化学性能；

（5）水泥浆在固化过程中不受油、气、水的侵染，失水量小，固化后水泥石气体渗透率小于 0.05mD；

（6）水泥浆具有足够的早期强度；

（7）提供足够大的套管、水泥、地层间的胶结强度；

（8）具有抗地层水腐蚀的能力；

（9）满足射孔强度要求；

（10）满足所要求条件下的稠化时间和抗压强度。

1）水泥浆密度

净水泥浆密度范围要受到最大和最小用水量（W/C）的限制，但在实际注水泥作业时一般不总是采用净水泥浆，大多数使用经外加剂处理的水泥浆。由于地层承压能力不同，对水泥浆密度有较大范围的要求。因此从密度概念上来说，与正常水灰比条件下的密度对比，低于正常密度的称低密度水泥浆，高于正常密度的称高密度水泥浆（正常密度为 $1.78\sim1.98\text{g/cm}^3$）。通常获得较低密度水泥浆的两种方法是：

（1）采用膨润土（黏土）或化学硅酸盐型填充剂和过量水；

（2）采用低密度外加剂材料如火山灰、玻璃微珠或氮气等。

超低密度水泥浆的主要代表类型为泡沫水泥及微珠水泥。泡沫水泥浆密度范围为 0.84~1.32g/cm³。微珠水泥浆密度范围为 1.08~1.44g/cm³。

获得高密度水泥浆更多的方法是掺入加重剂；加砂可获得的密度为 2.16 g/cm³，加重晶石可获得的密度为 2.28g/cm³，加赤铁矿可获得的密度为 2.4g/cm³。

2）水泥浆失水量

原浆（净水泥）在渗透层受压时，促使水泥浆失水（脱水），致使水泥浆增稠或"骤凝"造成憋泵。

不同作业类型在 6.9MPa 压差、时间 30min 条件下的失水量控制范围为：

（1）套管注水泥推荐失水量控制在 100~200mL/min；

（2）尾管注水泥推荐失水量控制在 50~150mL/min。

有效控制气窜的水泥推荐失水量控制在 30~50mL/min，30~50mL/min 是储气层最佳失水控制量。

3）水泥浆流变性

除了套管居中度、顶替排量、胶凝强度和密度差外，流态是实现水泥浆对环空钻井液有效顶替的一个重要因素。当排量一定时，水泥浆流体的流动剖面取决于流动状态，而流动状态又取决于流变参数。因此，在给定条件下，如何合理地调整流变参数，获得最佳顶替效率，是非常关键的。

流变参数主要由范氏黏度计测定。各种处理剂影响是多方面的，木质素磺酸盐缓凝剂有降低黏度的作用，纤维素衍生物将增大水泥浆黏度，分散剂可以减少化学成分影响的表观黏度，这些分散剂都能降低宾汉塑性流体的屈服强度，同时流体的塑性黏度取决于固相含量，化学处理剂则不易影响塑性黏度值。

2. 水泥石的性能

1）候凝时间

一般情况下，表层套管水泥候凝时间是 12h（个别取 18~24h），技术套管的水泥候凝时间为 12~14h；生产套管的水泥候凝时间一般为 24h。水泥候凝时间在现场取决于允许测声幅时间，当获得的声幅曲线合理时，就可进行后续施工。

2）抗压强度

水泥石的抗压强度应满足支承套管轴向载荷，承受钻进与射孔的震击等。常规密度水泥石 24~48h 抗压强度不小于 14MPa，7 天抗压强度应大于储气库井口运行上限压力的 1.1 倍，但原则上不小于 30MPa。低密度水泥石 24~48h 抗压强度不小于 12MPa，7 天抗压强度原则上不小于 25MPa。

3) 高温条件下水泥石的强度衰退

在正常条件下，水泥在井下凝固，继续水化时强度增加，但当井温超过110℃后，经过一定时间后将使强度值下降，温度越高其强度衰退速度也越快，110~120℃时衰退缓慢，230℃时一个月内造成强度破坏，310℃时在几天内就造成强度破坏。加入硅粉、石英砂等热稳定剂可控制强度衰退，加量在25%~30%范围内效果较好，加量在5%~10%时比不加时情况更糟。大港油田储气层温度为100℃，问题不是很突出，但华北油田某些储气库储气层温度已超过150℃，应关注水泥石强度衰退问题。

三、固井方式的选择

储气库注采井的水泥浆要求返至井口，因此从保护储气层角度出发，做到储层不因固井时井底压差过大而受到固井水泥浆的侵害；同时为保障固井质量，可采用双级注水泥工艺，生产套管下入分级箍或回接筒，以确保储气层固井时具有较小的压差和优质的固井质量，并且能保证水泥浆返至井口。

分级箍的安放位置原则：应在充分考虑到分级箍能安全可靠工作的前提下，确保一级固井时井底有较小的压差，从而保证一级固井质量为优质。

回接筒的安放位置原则：应安放在上一层技术套管鞋以上150~200m处，回接筒的安放位置要确保一级固井质量优质。

随着国内储气库的发展，储气库受地面环境及地下目标选择的制约，建造储气库工艺技术越来越复杂，为更好地保证储气库安全性、可靠性，生产套管固井宜采用回接筒分级固井方式。

四、大港储气库固井设计实例

1. 导管固井

（1）组成：G级油井水泥、清水、速凝剂。

（2）水泥浆性能要求见表2-13。

表2-13 导管固井水泥浆性能要求

试验项目	试验条件	性能指标
密度（g/cm³）		1.85
抗压强度（MPa/24h）	API规范要求	≥14
稠化时间（min）	API规范要求	施工时间+60min

2. 表层套管固井

(1) 组成：G级油井水泥、降失水剂、缓凝剂、分散剂、清水。

(2) 水泥浆性能要求见表2-14。

表2-14 表层套管固井水泥浆性能要求表

试验条件	API规范
密度（g/cm³）	1.85
稠化时间（min）	施工时间+60min
抗压强度（MPa/24h）	≥10

3. 技术套管固井

为了满足储气库井技术套管固井质量要求，技术套管固井采用分级固井方式将水泥返到地面。分级箍的安放位置应保证一级固井的质量，因此分级箍安放在技术套管鞋以上800m处。

1) 一级固井

(1) 组成：G级水泥、微硅、降失水剂、分散剂、缓凝剂、膨胀剂、增强剂、消泡剂、防漏增韧剂、冲洗液。

(2) 水泥浆性能要求见表2-15。

表2-15 技术套管一级固井水泥浆性能要求表

试验条件	API规范
密度（g/cm³）	1.88
稠化时间（min）	施工时间+60min
API滤失量（mL）	<50
自由水（%）	0
抗压强度（MPa/48h）	≥14

2) 二级固井

(1) 组成。

① 领浆组成：G级水泥、微硅、复合减轻材料、降失水剂、分散剂、缓凝剂、膨胀剂、增强剂、消泡剂、防漏增韧剂。

② 尾浆组成：G级水泥、微硅、降失水剂、分散剂、缓凝剂、膨胀剂、增

强剂、消泡剂、防漏增韧剂、冲洗液。

（2）水泥浆性能要求见表2-16。

表2-16　技术套管二级固井水泥浆性能要求表

试 验 条 件	API 规范
密度（g/cm³）	1.55~1.60 和 1.88
稠化时间（min）	施工时间+60min
API 滤失量（mL）	≤50
自由水（%）	0
抗压强度（MPa/48h）	≥14

4. 生产套管固井

为了满足储气库注采井生产套管固井质量的要求，生产套管固井采用双级注水泥工艺，利用回接筒分级固井将水泥返到地面。

1）尾管固井

（1）组成：G级水泥、增韧剂、弹性材料、微硅、石英砂、降失水剂、缓凝剂、分散剂、增强剂、消泡剂、抑泡剂。

隔离液组成：水、悬浮剂、高温稳定剂、油基冲洗液、加重剂。

（2）水泥浆性能要求见表2-17。

表2-17　生产套管尾管固井水泥浆性能要求表

试 验 条 件	API 规范
密度（g/cm³）	1.88
稠化时间（min）	施工时间+90min
API 滤失量（mL）	≤50
自由水（mL/250mL）	接近于0
抗压强度（MPa/24h）	≥14

2）回接套管固井

（1）组成：G级水泥、微硅、降失水剂、分散剂、缓凝剂、消泡剂、膨胀剂、增强剂、冲洗液。

（2）水泥浆性能要求见表2-18。

表 2-18　生产套管回接固井水泥浆性能要求表

试 验 条 件	API 规范
密度　（g/cm³）	1.88
稠化时间（min）	施工时间+60min
API 滤失量（mL）	≤50
自由水（mL/250mL）	接近于 0
抗压强度（MPa/ 24 h）	≥14

5. 扶正器的安放

应根据井眼轨迹参数、井径数据，应用专业软件进行套管扶正器设计，确保套管柱居中度不小于 67%。

（1）技术套管：最下部 5 根套管和最上部 2 根套管每根各安装 1 个弹性扶正器，其余每 3 根套管安放 1 个弹性扶正器，造斜点处每根套管加 1 个弹性扶正器。

（2）生产套管：回接套管每 2 根套管安放 1 只双弓扶正器，靠近回接筒 100m 井段，每根套管安放 1 只刚性扶正器，尾管每一根套管安放 1 只刚性扶正器。

（3）在完钻后，根据电测井径情况及井眼轨迹重新对扶正器安放位置进行修正，确保套管居中度。

6. 技术要求

（1）注水泥前应充分循环钻井液，尽可能清除井内岩屑及井壁上的虚滤饼，之后应立即进行注水泥作业。

（2）第一级注水泥施工结束后，应立即投入重力塞碰压，打开分级箍上的循环孔，将井筒内水泥浆带替出，然后每 30min 开泵循环一次，确保循环孔畅通，做好二级固井准备工作。

（3）第二级固井应根据实际情况，确定是否需要配制一定体积的重浆，以减少井口压力。用 1m³ 水泥浆压入关闭塞，碰压，使分级箍循环孔永久关闭。

（4）双级固井结束后，应先对分级箍上部的套管测声幅，测声幅结束后再钻分级箍，注意保护好套管和分级箍本体。

五、固井方案实施效果

1. 水泥浆防气窜能力评价

储气库注采井固井水泥浆体系的防气窜能力对于储气库安全运行尤其重要。针对大港储气库水泥浆体系,利用修正的水泥浆性能系数法和水泥浆凝结过程阻力变化系数法进行了评价。

1)修正的水泥浆性能系数法($SPNx$ 值)

$$SPNx = \frac{Q_{30} \times (\sqrt{t_{100Bc}} - \sqrt{t_{30Bc}})}{\sqrt{30}} \tag{2-34}$$

式中 Q_{30}——水泥浆的 API 滤失量,mL/30min;

t_{100Bc}——水泥高温高压稠度到 100Bc 的时间,min;

t_{30Bc}——水泥高温高压稠度到 30Bc 的时间,min。

用该方法评价水泥浆的防气窜能力强弱见表 2-19。

表 2-19 水泥浆性能系数的应用

$SPNx$	<3	3~6	>6
防气窜能力	强	中等	差
API 滤失量和自由水要求	API 滤失量≤50mL,API 自由水≤0.5%(水平井为零)		

2)水泥浆凝结过程阻力变化系数法(Ax 值)

$$Ax = 0.1826\left[(t_{100Bc})^{1/2} - (t_{30Bc})^{1/2}\right] \tag{2-35}$$

用该方法评价水泥浆的防气窜能力强弱见表 2-20。

表 2-20 水泥浆凝结阻力变化系数的应用

Ax	<0.110	0.110~0.125	0.125~0.150	>0.150
抗气窜能力	强	较强	中等	弱
API 滤失量和自由水要求	同时要求水泥浆的 API 自由水≤0.5%(水平井为零),API 滤失量≤50mL			

3)水泥浆防气窜能力评价结果

以大港板中北储气库为例评价水泥浆防气窜能力。表 2-21 为部分注采井水泥浆防窜性能评价结果。

表 2-21 部分注采井水泥浆防窜性能评价结果

井号	API 滤失量 (mL)	稠度到 30Bc 的时间 (min)	稠度到 100Bc 的时间 (min)	SPN_x 值	A_x 值	评价结果
K3-19	45	79	85	2.722	0.061	强
K3-20	45	66	73	3.45	0.077	中等
K3-21	47	67	73	3.078	0.065	强

从计算结果可以看出储气库所使用的水泥浆体系防窜性能处于中等—强，可以满足储气库注采井对于水泥浆防窜性能的要求。

2. 固井质量评价

以大港大张坨储气库为例，进行注采井固井质量评价（图 2-12）。

根据大张坨储气库的地质特点，12 口新钻注采井生产套管采用分级箍双级固井工艺技术，有效地防止了由于储气层井段地层压力系数偏低而发生的井漏，同时对保证储气层段固井质量以及保护储气层起到了积极的作用。张坨储气库新钻注采井生产套管固井情况见表 2-22。

表 2-22 大张坨储气库新钻注采井生产套管固井情况表

井号	实际水泥浆密度 (g/cm³) 导管	表层	生产	设计生产套管水泥返深 (m) 一级	二级	实际生产套管水泥返深 (m) 一级	二级	储气层段固井质量
K1	1.86	1.87	1.87, 1.54	2240	地面	2242	地面	优
K2	1.85	1.60, 1.80	1.91, 1.60	2381.139	地面	2381.139	地面	优
K3	1.92	1.57, 1.90	1.89, 1.55	2150	地面	2165	地面	优
K4	1.89	1.89	1.89, 1.60	2200	地面	2350	地面	合格
K5	1.87	1.68, 1.87	1.87, 1.56	2230.377	地面	2230.377	地面	优
K6	1.89	1.86	1.88, 1.54	2195.998	地面	2195.998	40	优
K7	1.85	1.65, 1.87	1.9	2250	地面	2279	地面	优
K8	1.87	1.59, 1.81	1.91, 1.60	2150	地面	2155	地面	优
K9	1.87	1.88	1.89, 1.59	2300	地面	2317	地面	优
K10	1.9	1.61, 1.92	1.90, 1.65	2200	地面	2270	地面	优
K11	1.86	1.68, 1.85	1.93, 1.61	2302	地面	2302	地面	优
K12	1.89	1.66, 1.87	1.92, 1.60	2445.11	地面	2445.11	地面	优

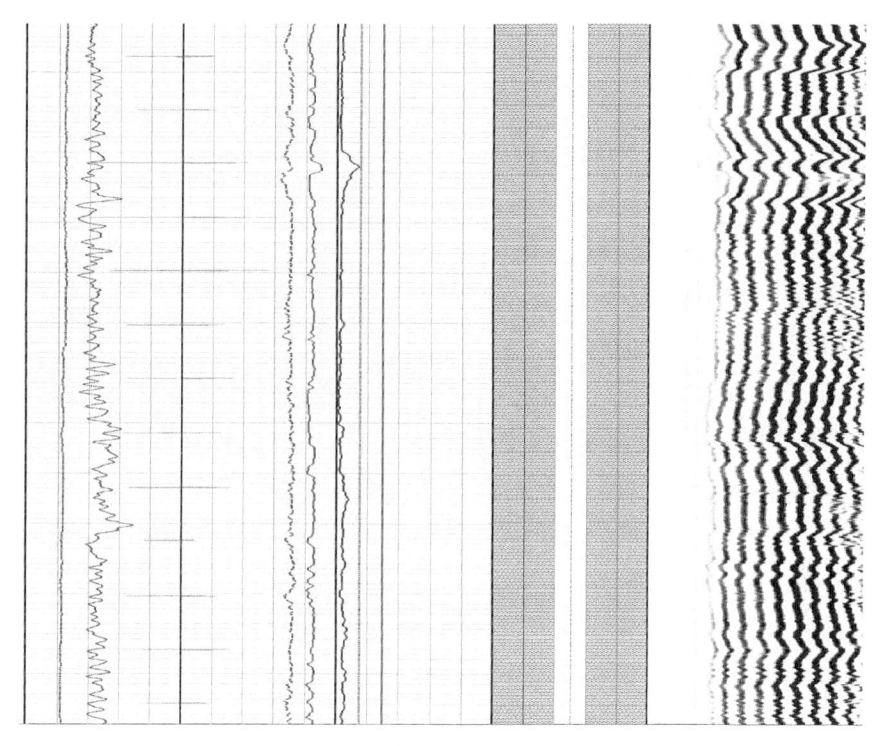

图 2-12 K9 井固井质量图（盖层段）

第七节 完井材料工艺要求

储气库注采井既是注气井也是采气井，在温度、压力频繁变化的工况条件下，要求长期安全地工作，这对完井材料的性能提出了更高的要求。而且注、采介质均是气体，其密封机理不同于液体的密封机理，在各种复杂的受力条件下，注采井的完井材料必须有可靠的气密封性能，这对于储气库的安全运行至关重要。

一、套管柱的技术要求

1. 套管的性能要求

（1）套管的化学成分、力学性能（拉伸、冲击韧性、硬度等）显微组织应满足《套管和油管规范》（API Spec 5CT）标准的要求。

（2）套管强度（抗拉、抗内压、抗挤）的最低值不得低于《套管、油管和钻杆使用性能通报》(API Bul 5C2)的相关规定。

(3) 套管连接螺纹的要求。

①长圆螺纹：螺纹参数要求不低于《螺纹加工测量和检验规范》(API Spec STD 5B)的相关规定，并按《油套管螺纹连接性能评价方法》(API RP5C5)相关试验方法进行抗黏扣实验。

②特殊螺纹：应保证螺纹连接在套管最小屈服应力的95%相当内压的条件下不发生泄漏，特殊螺纹在反复上、卸扣5次后不发生黏扣，生产厂家必须提供最佳上扣扭矩值及上扣扭矩范围。

2. 套管柱的强度设计

1) 套管柱强度的设计方法及安全系数

地下储气库注采井应按照等安全系数法进行套管强度设计和三轴应力校核。

安全系数的确定标准：抗挤安全系数不小于1.125；抗内压安全系数不小于1.10；抗拉安全系数不小于1.8。

2) 设计假定条件

(1) 外挤压力。套管柱所承受的外挤压力主要来自于管外地层液体压力、易流动岩层侧压力以及完井作业和油藏改造等。一般认为套管下入时的钻井液柱压力即是套管所受的最大外挤力。表层套管和生产套管外挤力的确定是以管内全掏空考虑的，中间套管的外挤力是由下次钻井时钻井液的液柱压力和地层支撑液的液柱压力平衡后计算出来的。

(2) 内压力。套管柱所承受的最大内压力应是管内充满天然气时的井口压力，而只有中间套管的内压力是按井涌量的40%进行计算的。

(3) 轴向拉力。套管柱的轴向拉力是由套管柱自重所产生的，套管柱的轴向拉力按套管柱在空气中的重量计算。

(4) 双轴应力。由于轴向应力的存在，使得套管的额定抗外挤强度和额定抗内压强度都会发生变化，在轴向应力的作用下套管中和点以上管柱的额定抗外挤压力要降低，因此，在进行套管抗外挤强度校核时应考虑该应力的影响，计算出套管的有效抗外挤强度，并按此数据校核套管柱的强度。其计算公式为：

$$p_{ca}/p_{co} = [1 - 0.75(S_a/YP)^2]^{0.5} - 0.5(Sa/Yp) \qquad (2-36)$$

式中 p_{ca}——在轴向拉应力作用下的有效抗挤毁压力，kPa；

p_{co}——在无轴向拉应力作用下的额定抗挤毁压力，kPa；

S_a——管体所受的轴向应力，kPa；

YP——管体的屈服强度，kPa。

3. 套管螺纹选择

在常规井的设计时，一般只进行强度校核设计，而不考虑螺纹的密封问题。储气库注采井套管柱是利用螺纹把单根套管连接成几千米，成为能承受几百甚至上千大气压的高压容器，螺纹连接部位是薄弱环节。根据API报道，套管柱86%的失效事故发生在螺纹处，这与我国的统计也是相符的，因此，储气库注采井应使用特殊螺纹的套管，提高套管柱的气密封性能。

二、螺纹的技术要求

储气库注采井油套管要长期承受拉伸、压缩、弯曲、内压、外压和热循环等复合应力的作用，因此，套管必须同时具备两个特征，即结构完整性和密封完整性。结构完整性是指螺纹啮合后应具备足够的连接强度，不至于在外力的作用下结构受到破坏；密封完整性是指在各种受力状态下，螺纹不发生泄漏。对于储气库注采井，螺纹的密封性能是一项重要的关键指标。

从油田现场使用情况来看，不同的螺纹形式，其密封性能有较大的差异。广泛应用的API圆螺纹和偏梯形螺纹，价格便宜、加工维修方便、易操作，但在密封性能方面存在严重缺陷，不适合在储气库注采井中使用。因此，需使用具有高密封性能的特殊螺纹。

1. API螺纹密封的特点

1）API螺纹的结构

API套管螺纹以短圆螺纹（STC）、长圆螺纹（LTC）和偏梯形螺纹（BTC）为主。

API圆螺纹（包括STC和LTC）的齿顶、齿底为圆弧状，其锥度是1∶16（62.5mm/m），牙型角为60°，承载面角为30°，导向面角30°，螺距是8牙/25.4mm，牙高1.810mm。API圆螺纹承载面角度大，上扣和拉伸情况下径向应力高，因此连接强度低（只有管体强度的60%~80%）。图2-13为API圆螺纹啮合示意图。

API偏梯形螺纹是为了解决圆螺纹套管连接强度低的问题而推出的一种螺纹形式。这种螺纹也是锥管螺纹，但是锥度随规格不同而有所变化，ϕ339.7mm

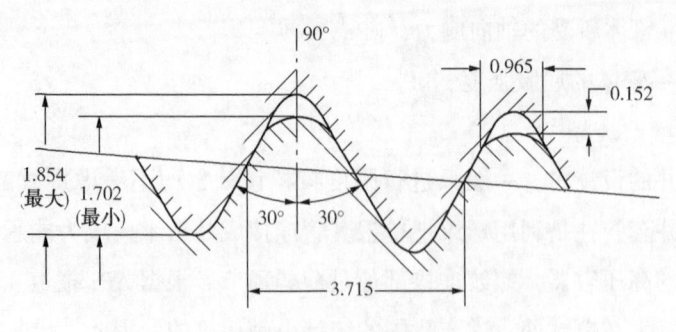

图 2-13　API 圆螺纹啮合示意图（单位：mm）

（13⅜in）以下套管的锥度为 1∶16，ϕ406.4mm（16in）以上套管的锥度为 1∶12。偏梯形螺纹的螺距是 5 牙/25.4mm，牙高 1.575mm，牙型角 13°，承载面角 3°，导向面角 10°。图 2-14 为 API 偏梯形螺纹啮合示意图。

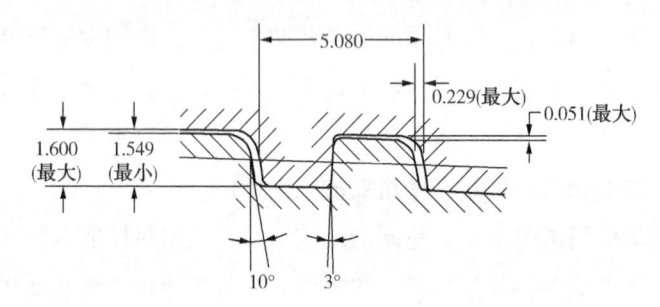

图 2-14　API 偏梯形螺纹啮合示意图（单位：mm）

2）API 螺纹的密封性

API 螺纹密封有如下几个特点：

（1）采用锥管螺纹密封。API 螺纹均为锥管螺纹，其密封性能主要依靠内外螺纹过盈配合产生的接触压力来获得，接触压力越大，密封性能越好。其密封性能受材料性能和上扣控制的影响。

（2）啮合螺纹之间存在间隙。从 API 螺纹（包括套管螺纹和油管螺纹）的结构可知，API 螺纹的啮合螺纹之间存在一定的间隙，即使在加工公差为零的情况下，API 螺纹啮合后，内外螺纹之间都会存在间隙，由于加工公差的存在，间隙还会更大。API 圆螺纹主要在啮合螺纹的齿顶和齿底形成配合间隙；API 偏梯形螺纹间隙主要存在于啮合的内、外螺纹的导向面之间，同时在内、外螺纹的齿顶和齿底之间也会存在一定的间隙。这些间隙连通起来，组成螺旋形通道，使油套管内、外螺纹空间连通，从而导致流体泄漏（图 2-15）。这是造成 API 螺纹密封性能较差的根本原因。

(a) 偏梯形螺纹　　(b) 圆螺纹

图 2-15　API 螺纹泄漏通道示意图

偏梯形套管螺纹泄漏通道间隙更大，因此偏梯型螺纹的抗泄漏能力低于圆螺纹。因此对于储气库注采井表层套管和技术套管，在满足抗拉强度的前提下，以圆螺纹为主。

(3) API 螺纹的密封性能受密封脂影响。

由于泄漏通道的存在，API 螺纹不具有流体（尤其是气体）密封能力，必须依靠螺纹脂的填充，API 螺纹才能起到密封作用。因此，螺纹脂的主要作用不仅是提供润滑性，防止黏扣的发生，更重要的是用来提高螺纹的密封性。API 螺纹脂为油基质，最大的缺点是在高温或长期服役过程中油脂会逐渐挥发或变质。室内实验和现场应用均证明，在 API 螺纹上扣初期，由于螺纹脂未风干和失效，API 螺纹还具有一定的气密封性，但随着时间的推移，螺纹的气密封性能显著下降。

因此，API 螺纹在储气库注采井中无法安全使用，必须使用密封性能更好的特殊螺纹。

2. 特殊螺纹密封的特点

1) 特殊螺纹的结构

对 API 螺纹来说，增大上扣扭矩可提高螺纹的接触压力，提高其密封性能，但是扭矩再高也不能完全消除泄漏通道。

特殊螺纹突破了 API 螺纹的设计框架，密封作用不再仅仅由螺纹承担，而是设计了专门的金属—金属密封结构。一般来说，特殊螺纹都具有多重密封，包括主密封（主要由金属—金属径向密封结构来实现）和辅助密封（一般由扭矩台肩来实现）。另外，螺纹虽然不再起主要密封作用，但仍然起一定的辅助密封作用。这些结构设计使特殊螺纹具有良好的密封性能。

目前申报了专利的特殊螺纹多达 200 种以上，密封结构形式各式各样，但总的看来，其基本结构非常相似，一般主要由 3 个部分组成：

(1) 保证密封完整性的金属—金属密封结构。该形式分单点金属密封和多点金属密封,每一点又有不同的密封形式组成,分为球面对球面密封、球面对锥面密封、球面对柱面密封、锥面对锥面密封以及柱面对柱面密封等。

(2) 保证结构完整性的螺纹连接形式。采用能承受高拉伸载荷的偏梯形螺纹的结构形式,提高了螺纹的连接效率。

(3) 控制拧紧位置的扭矩台肩。特殊螺纹设计的扭矩台肩解决了 API 螺纹拧紧位置受螺纹参数、螺纹脂和拧紧扭矩等因素的影响而波动的问题,同时还起到辅助密封的作用。

下面给出了几种典型特殊螺纹密封结构的示意图。

VALLOUREC 公司于 1965 年开发出 VAM 特殊螺纹,期间有 VAM,NEW VAM 和 VAM ACE 等更新换代产品,与目前的 VAM TOP 组成了 VAM 特殊螺纹油套管系列产品。VAM TOP 系列产品是 VALLOUREC 目前推广的新一代特殊螺纹油套管换代产品,其结构如图 2-16 所示。

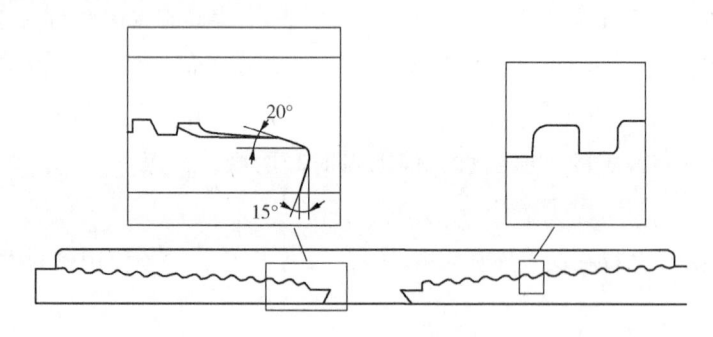

图 2-16　VAM TOP 螺纹的密封结构示意图

从图 2-16 中可见,VAM TOP 特殊螺纹也是由螺纹、金属密封面和扭矩台肩共同组成的,金属密封结构改变了与轴向成 30°角的结构,设计成与轴向成 20°角的锥面对锥面密封结构;扭矩台肩选择了逆向 15°结构。

图 2-17 是 TenarisBlue 螺纹的结构示意图。TENARIS 公司是目前世界上最大的钢管公司之一,该公司生产的油套管特殊螺纹有 Tenaris 和 Atlas Bradford 两个系列,包括 TenarisBlue,Tenaris 3SB,Tenaris SEC 和 Atlas Bradford TC-Ⅱ等螺纹类型。其中,TenarisBlue 是 TENARIS 公司最新开发的系列螺纹类型。从图中可知,TenarisBlue 油套管特殊螺纹是由螺纹、金属密封面和扭矩台肩共同组成,其中主密封结构为锥面—球面形式的金属密封,扭矩台肩为逆向 8°的台肩结构。

日本 JFE 公司开发的 FOX 特殊螺纹油套管产品是油气田广泛使用的螺纹类

型之一。最近，JFE 公司成功开发了新一代特殊螺纹油套管产品 KSBEAR，其结构如图 2-18 所示。从图中可以看出，KSBEAR 特殊螺纹也是由螺纹、金属密封面和扭矩台肩组成。金属密封结构设计成两点金属对金属密封结构，扭矩台肩也改变了 FOX 的圆弧结构设计，选择了逆向 15°扭矩台肩结构。

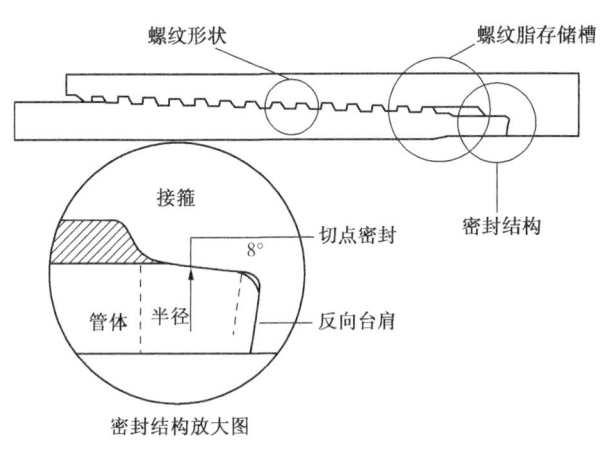

图 2-17 TenarisBlue 螺纹的密封结构示意图

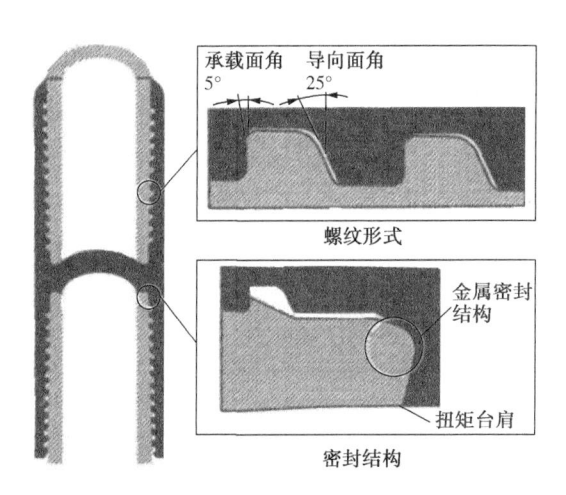

图 2-18 KSBEAR 螺纹的密封结构示意图

主要特殊螺纹油井管种类及生产厂家见表 2-23。

2) 特殊螺纹的密封性

API 螺纹啮合后存在一条螺旋状泄漏通道，是 API 螺纹设计的固有缺陷，限制了 API 螺纹的密封性能。特殊螺纹为此设计了专门的金属—金属密封结构，将 API 螺纹的非接触式密封改进为接触式密封，使螺纹连接的密封能力显著增强。

表2-23 主要的特殊螺纹油井管种类及生产厂家

生产厂家	国 家	螺纹类型
Tenaris	阿根廷,意大利,墨西哥,日本,巴西等	Blue系列：BLUE, BLUE-DPLS, BLUE-MS, BLUE-SC, BLUE-SB, BLUE-CB, BTL (Blue Thermal Line), BNF (Blue Near Flush) Wedge 500系列：W563, W523, W521, W513, W511, W503, W533 其他：3SB, MS, HW, ER, PJD, SLX, MARCII, PH4, PH6, CS
V&M	法国,德国,美国,巴西等	VAM21, VAMTOP, VAMTOP HT, VAMTOP HC, VAMTOP FE, DINO VAM, BIG OMEGA, VAM FJL, VAM HTF, VAM SLIJ-II, VAM MUST, VAM HW ST, VAM HP, CLEANWELL
Hunting	美国	双级油管系列：TS-HD, TS-HD-SR, TS-HP, TS-HP-SR 密封锁死系列：SEAL-LOCK XP, APEX, BOSS, FLUSH, GS, HC, HT, HT-S Timed, SF TKC系列：Convertible BTC, Convertible EUE, Convertible LTC, MMS EUE, BTC and Plus, LTC and Plus, EUE and Plus, FJ-150, 4040, Convertible 4040, 与JFE合作开发系列：FOX, JFEBEAR
住友金属	日本	VAM21, VAMTOP, VAMTOP HT, VAMTOP HC, VAMTOP FE, DINO VAM, BIG OMEGA, VAM FJL, VAM HTF, VAM SLIJ-II, VAM MUST, VAM HW ST, VAM HP, CLEANWELL, TM
JFE	日本	FOX, JFEBEAR
TMK	俄罗斯	TMK GF, TMK PF, TMK PF ET, TMK, FMC, TMK CS, TMK TTL-01, TMK1 Integral, TMK FMT Tubing, ULTRA-FJ, ULTRA-SF, ULTRA-FX, ULTRA-QX
天津钢管	中国	TP-CQ, TP-G2, TP-EX, TP-FJ
西姆莱斯	中国	WSP-1T, WSP-2T, WSP-3T, WSP-FJ (4T), WSP-HK, WSP-BIG, WSP-IF4/IF6/IF8, WSP-JT
宝钢	中国	BGT1, BGT, BGC

一般认为，金属—金属密封结构防止内部流体泄漏的条件为密封面上的接触压力大于内部流体的压力。但是，上述密封判断的依据是建立在密封面完全光滑的基础之上的，而实际上由于金属加工的原因，密封面不可能完全光滑，而是有一定的粗糙度，这使得密封面过盈配合后仍存在微小的间隙，使得特殊螺纹的密封性能仍然存在可靠性问题。

在表面粗糙度一定的情况下，接触面的临界密封压力随着接触压力和泄漏路径长度的增加而增加。因此，在设计特殊螺纹的金属—金属密封结构时，从提高密封性的角度考虑，应尽量满足两个条件：

一是接触压力尽可能大，以使泄漏路径的横截面面积较小；

二是接触面积尽可能大，以使泄漏路径的长度较长。

(1) 主密封结构的选择。

特殊螺纹的密封性能主要取决于其主密封结构的设计。主密封结构的形式各不相同，但从总体上看，基本形式主要有以下几类：锥面—锥面、锥面—球面、柱面—球面等，其结构如图 2-19 所示。

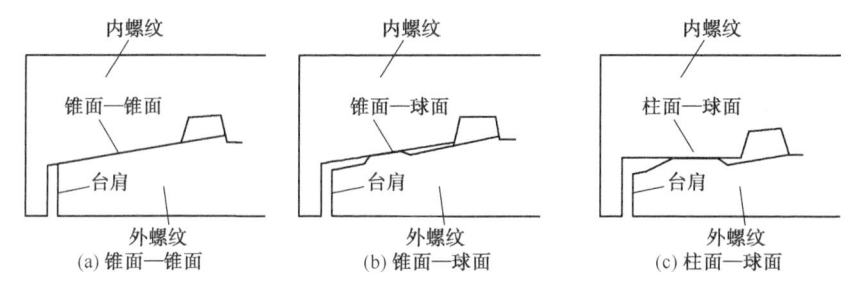

图 2-19 主要的密封结构类型

主密封结构的形式不同，主密封面上的接触压力分布也就不同，而主密封面上的接触压力分布直接决定了螺纹的密封性能。因此，主密封结构的选择是保证特殊螺纹密封性能的关键因素之一。

密封面上的接触压力越高、接触面积越大，对螺纹的密封越有利。从图 2-19 看出，主密封若选择锥面—锥面形式，则接触面积较大，在同样的接触压力下可获得较好的密封效果。从这个角度讲，锥面—锥面形式有利于得到更好的密封性能。但这种结构加工时对两个密封面的锥度要求高，锥面不匹配会使接触面积大大减小，进而降低其密封效果。锥面—球面和柱面—球面形式实质上为线接触，接触面积很小，要获得同样的密封效果，则需要较高的接触压力。另外，对锥面—锥面和锥面—球面两种密封结构来说，当螺纹受到轴向拉伸载荷后，密封面上的接触压力会有所降低，从而使螺纹连接的密封能力下降。而对柱面—球面密封结构来说，在拉伸载荷作用下，其密封面仍能保持同样的接触压力，密封能力不下降。

可见，从密封面的接触压力分布看，3 种密封结构各有优势，不论选择何种结构形式，只要使接触压力与接触面积之间能获得较好的平衡，都可以起到良好的密封效果。从现有的特殊螺纹油套管产品看，这几种结构形式都有采用，而且都取得了比较广泛的应用。

(2) 辅助密封结构的选择。

尽管金属—金属主密封结构具有很高的密封可靠性，但由于螺纹密封面是一个圆周形曲面，如果该曲面上的任何一处不连续都会造成密封失效。同时油套管本身也存在不圆与壁厚不均等问题，使金属—金属主密封结构的密封可靠性下降。因此，多数特殊螺纹还设计有辅助密封结构，以进一步提高螺纹密封的可靠性。特殊螺纹的辅助密封结构一般通过扭矩台肩来实现。上扣后，内、外螺纹的扭矩台肩发生接触，产生较大的接触压力，使扭矩台肩具有一定的辅助密封作用。

扭矩台肩是特殊螺纹的重要组成部分，一个设计合理的扭矩台肩应具有以下几个作用：

①有效保护密封面。扭矩台肩具有上扣定位作用，可以保证密封面配合良好，而不至于使密封面的过盈量随着螺纹旋合而无限制地增大；同时，螺纹受压缩时，台肩可分担一部分压缩载荷，从而使密封面的关键部位不发生塑性变形而造成损坏。

②有效控制机紧上扣圈数，从而限定螺纹机紧过盈量，减小螺纹上扣产生的周向应力，优化螺纹应力分布，提高螺纹抗黏扣的能力。

③使螺纹有较好的抗过扭矩能力。

④上扣后产生一定的轴向过盈，起到辅助密封的作用。

⑤扭矩台肩还具有提高螺纹抗压缩、弯曲变形能力的作用。

扭矩台肩可以分为直角台肩和逆向（负角）台肩（图2-20）。研究表明：

①无论是直角台肩还是逆向台肩，都可以起到很好的辅助密封效果。但与直角台肩相比，逆向台肩在拉伸载荷下不容易分离，仍可保持较高的接触压力，密封能力要优于直角台肩。而拉伸载荷是油套管工作时承受的最主要的载荷之一。

②逆向扭矩台肩可明显改善锥面—锥面密封接触压力分布不均匀的问题，利于提高主密封结构的密封性能。逆向台肩的角度不同，对主密封的影响也不相同，可以通过有限元模拟的方法，优选出合理的台肩角度，最大限度发挥台肩的密封效果。

现场实际操作主要根据上扣扭矩图来判断扭矩台肩是否到位、螺纹过盈量是否符合要求,从而判定螺纹的气密封性是否能够达到要求。

(a) 直角台肩　　(b) 逆向台肩

图 2-20　扭矩台肩示意图

在典型特殊螺纹上扣扭矩图(图 2-21)中涉及以下几个参考数值:

①最大过载扭矩:绝对不可超过的扭矩,一旦超过会损坏螺纹。

②最大上扣扭矩:一般情况下不可超过,除非得到螺纹技术服务人员的允许。

③最优上扣扭矩(有时称卸压扭矩):能够保证螺纹密封性能的最佳扭矩值,达到该扭矩值后,上扣液压钳应卸压,停止上扣。

④最终扭矩:螺纹完成上扣后的最终实际扭矩值,通常稍微高于最优上扣扭矩。

⑤最小上扣扭矩:最终扭矩必须超过最小上扣扭矩。

⑥最大台肩扭矩:通常为最优上扣扭矩的 70%。

⑦最小台肩扭矩:通常为最优上扣扭矩的 5%。

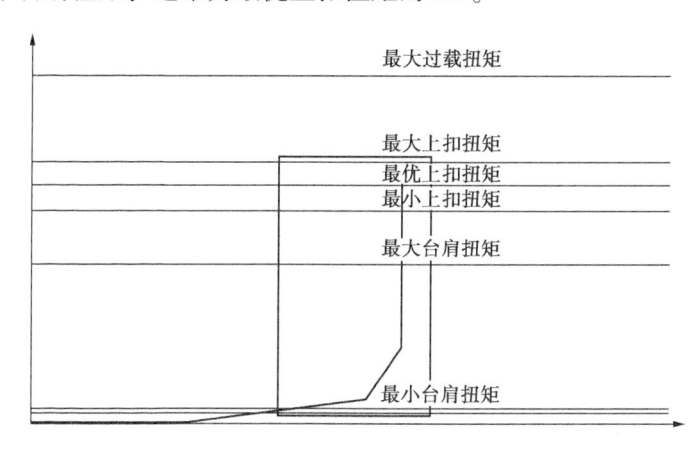

图 2-21　典型特殊螺纹上扣扭矩图

下面几种图形显示的是不合格的上扣扭矩图。

图 2-22 显示的是较低的最终扭矩值,存在螺纹脱落和螺纹泄漏的风险。

图 2-23 显示的是较高的最终扭矩值,存在外螺纹和内螺纹台肩部位损坏,造成螺纹泄漏,甚至无法通径。

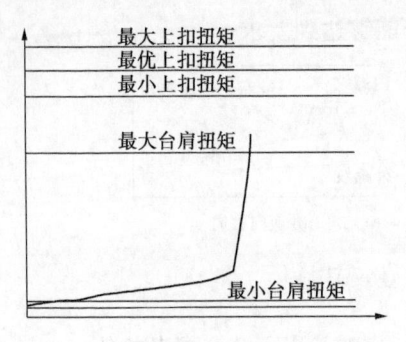

图 2-22　较低的最终扭矩值上扣图 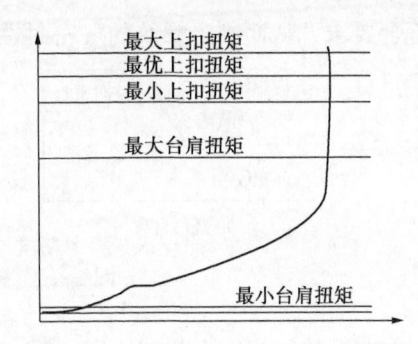　　　　图 2-23　较高的最终扭矩值上扣图

图 2-24 显示的是较低的台肩扭矩值，如果密封面磨损会造成泄漏和螺纹脱落。

图 2-25 中扭矩曲线有峰值显示，可能是涂抹螺纹脂过多，会造成井筒内落入过多的螺纹脂，使得不能顺利完成投堵塞器等钢丝作业。

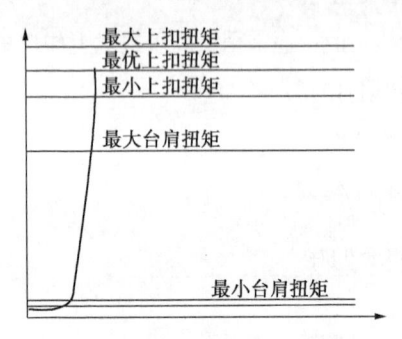

图 2-24　较低的台肩扭矩值上扣图 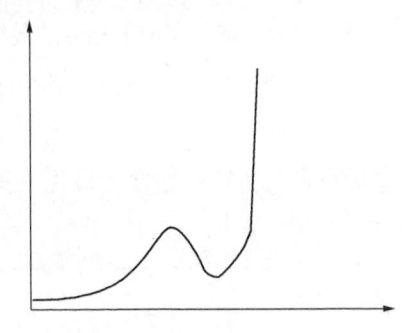　　　　图 2-25　具有峰值显示的上扣扭矩图

图 2-26 和图 2-27 中显示的扭矩曲线，需要根据记录的转数、设备运行情况综合判断该螺纹是否能够下入井中。

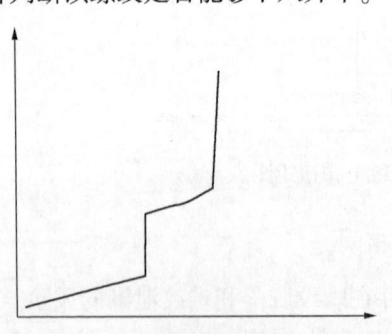

图 2-26　出现台阶显示的上扣扭矩图 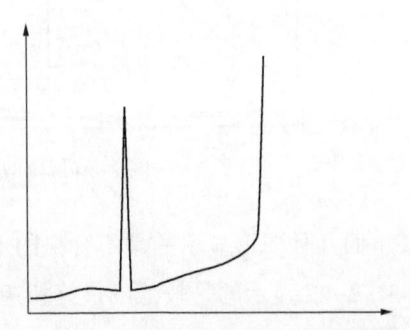　　　图 2-27　出现脉冲显示的上扣扭矩图

三、套管头的技术要求

套管头是连接井下套管、油管的关键井口设备。因此，套管头气密封性能的好坏不仅关系到注采井能否正常、可靠地工作，而且还关系到整个储气库的运行安全。储气库注采井套管头必须满足以下要求：

（1）套管头的结构设计合理，密封部位的设计合理可靠，安装、检查应易于操作，选材必须根据现场的使用条件和工况执行 API 相关标准。

（2）为保证储气库具有长期、可靠的气密性，连接钢圈应采用不锈钢材料，钢圈槽也应进行不锈钢堆焊处理。

（3）套管头法兰盘的加工必须符合 API 相关标准要求，保证具有良好的通用性。

（4）满足钻井工艺、注采工艺的需要。

（5）套管头的生产规范必须严格执行《井口装置和采油树设备规范》（API 6A）最新版的相关规定。

图 2-28 为分体式双级套管头示意图。

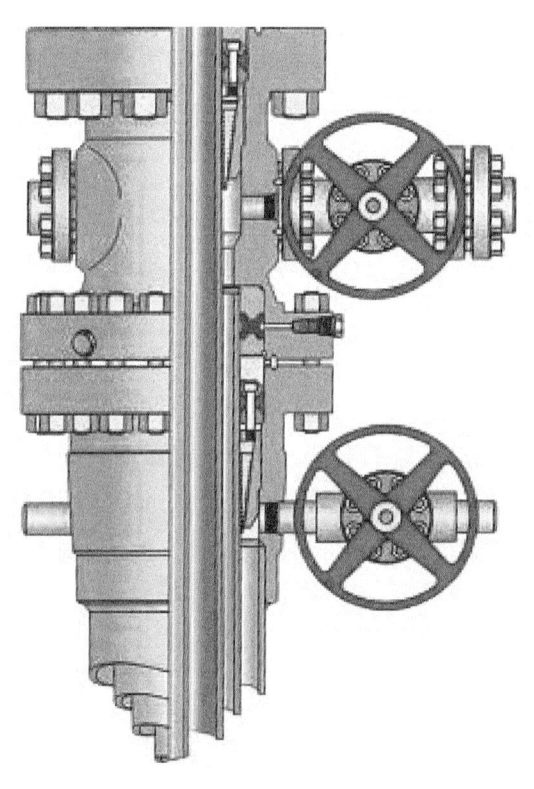

图 2-28　分体式双级套管头示意图

第三章 油气藏型地下储气库注采工艺

第一节 注采工艺设计基本原则

对于油气藏型地下储气库注采井,进行注采工艺设计时,油气藏开发中所遵循的一般原则和方法也是适用的,但是由于地下储气库有其独特的运行规律和使用工况,因此还要遵循一些特殊原则。

(1) 储气库注采井既是注气井、又是采气井,具有双重功能,既要满足地质方案要求,又要满足地面工艺的需要。

(2) 储气库注采井必须满足长期周期性交变应力条件下安全运行的需要,优选先进、成熟、适用的技术,实现最佳技术经济效益。

(3) 目前国内储气库的主要作用是城市调峰,库址一般选择在城市附近,人口稠密,环境复杂,并且储气库内储存的是高压天然气,因此注采工艺要充分考虑安全、环保要求。

(4) 利用油气藏建库时,油气藏处于枯竭或开发中后期,储气层压力系数低,为保证注采井具有较高的产能,要优化各种工艺及参数,尽量降低作业时造成的储气层伤害。

(5) 储气库注采井大多为丛式定向井,在井下工具的选型、工艺操作的设计、注采管柱的校核等方面都要考虑井斜的影响,必要时要对钻井工艺提出要求。

(6) 要考虑管柱防腐问题,以延长注采井的免修期。要根据储气库运行工况,考虑腐蚀环境变化,综合确定经济合理的防腐措施,满足注采井长期防腐的需要。

(7) 注采工艺管柱要满足随时监测地下动态参数的要求。

第二节 注采能力设计

注采井合理的注采能力是储气库方案设计的核心指标之一,是决定储气库生产规模的重要依据。注采井生产时,流体从地层流入井底,由井底流到井口,由井口流到地面管线；注气时，气体从地面管线流到井口，由井口流到井底，由井底流入地层。这是一个流动连续、流态不同的协调流动过程。

一、单井注采能力优化

在注采井生产（注气、采气）的整个协调流动过程中，影响单井注采能力的主要有地层流动能力、井筒流动能力以及地面设备（包括气嘴、集注管汇）的流动能力，只有三者协调一致时，注采井的能力才是最高的。为了使各部分流动协调成为有机整体，需要应用系统分析的思想，用节点分析的方法选定合理流量。

1. 采气能力优化

1）地层流入能力

流体从地层流入井底的过程，是流体在地层多孔介质中的复杂渗流过程，其渗流规律遵循达西定律，一般用产能方程（指数式方程或二项式方程）来表述流入特征。

利用系统试井测试资料处理、分析得出地层产能方程，可以计算出不同地层压力、不同井底流压时的地层生产能力，从而绘制出注采井 IPR 流入动态曲线。

2）井筒流出能力

井筒流出动态是井筒内压降与流量间的函数关系，取决于油管尺寸和流体性质。利用枯竭油气藏改建而成的储气库，其注采井生产时，气体中都会含有不同量的水和油，即使是利用枯竭气藏或气顶改建的储气库，由于开发生产中边（底）水的侵入，储气库投产初期，油水含量都较高。随着储气库的不断注采运行，多个注采周期后，油水含量才逐渐下降，直至微乎其微。

由此可见，储气库注采井井筒流出能力是属于垂向多相流范畴。垂向多相流压力梯度是静水压力梯度、耗于摩阻的压力梯度和耗于加速度的压力梯度 3 个作用之和。一般各相之间的化学效应可以忽略，但黏度、密度、表面张力等因素应加以考虑。多个注采周期后，注采井趋于单相气流，计算相对简单，现有许多出版物加以论述。Smith（史密斯）、Cullender（库楞勒）、Brinkley（勃林克莱）等都为此类计算研制了各种方程式。

对于注采井投产初期的多相流压力梯度的计算，自 1914 年戴维斯及惠特尼开展第一个有实际意义的实验以来，有许许多多的专家学者从不同角度开展了研究工作。表 3-1 介绍了对垂向多相流问题曾作出贡献的相关研究成果。

表 3-1 垂向多相流研究成果

时期	作者	工作类型	管径（in）	流体	评述
1914	戴维及惠特尼	室内试验	1¼	空气一水	要把滞留及摩阻区分开来，用注气法求得最小的压力分面，证明空气供入法无关紧要，证实管子粗糙度是一个影响因素
1932	维思乐兹	数学分析			没有实际价值
1931	维思乐兹（Versluys）	理论			讨论流动型态，无实际意义
1929	唐诺戈伊（Donoghue）	现场试验	5, 3, 2½, 2, 1½	石油	证明保持自喷所需的最低流速是 5ft/s
1947	萧（Shaw）	室内试验	1, 1½, 2, 2½	空气一水	证实了管径、管长及沉没度对自喷产率及需气量的影响
1952	普特曼和卡平特	利用现场数据搞半径验法	2, 2½, 3	油, 水, 气	提出对 2in、2½in 及 3in 油管的实用图解法。用于 G/L 小于 1500ft³/bbl 及产率大于 420bbl/d
1962	温克勒（Winkler）及史密斯	实际工作	1~3½	油, 水, 气	按普特曼卡平特相关式制成工作曲线
1960	美国工业石油器材分部	实际工作	1~4½	油, 水, 气	按普特曼及卡平特相关式制成工作曲线
1954	吉尔伯特	将现场数据用于实际	2, 2½, 3	油, 水, 气	提出一套垂直向的多相流的压力分布剖面
1958	戈维亚和索特（Short）	室内试验	小管	空气一水	提出一个计算压力损失的相关式，但未曾扩广到实用
1961	迪克	半经验法	2, 2½, 3	油, 水, 气	用普特曼及卡平特得出另一相一相关式。未曾实用
1961	巴兴达尔（Baxendall）	用普一卡法取得现场资料	2½, 3½	油, 气	用马拉开波湖油田资料得出类似于普一卡氏的相关式（对该湖区的相关性良好）
1961	罗斯	室内试验加现场数据	所有口径	所有流体	对所有的流动范围均有良好的相关关系
1961	顿斯和罗斯	室内试验加现场数据	所有口径	所有流体	对所有的流动范围均有良好的相关关系。比罗斯原来的工作实用
1961	格黎菲斯及瓦里斯（Wallis）	室内试验	小口径	空气一水	对段塞流区效果较好。其他研究者曾用来改善他们的相关式

续表

时期	作者	工作类型	管径（in）	流体	评述
1962	格黎菲斯	室内试验	小口径	空气，水	可用于塞流区改善别的相关式
1961	休默克（Hughmark）和派里斯堡（Pressbary）	室内试验	小口径	空气，水	用杜克列（Dukler）的水平流资料，提出滞留量的相关式
1963	范彻及布朗	现场试验	2	气，水	收集数据以便将普卡的相关式扩展到用于低产率及高G/L条件下精确预测压力损失
1963	凯撒（Gailher）温克勒及柯克帕特里克（Kirk-patriok）	现场试验（1000英尺长管子）	1, 1¼	气，水	针对试验所用的各种管径提出相关式，未扩展到相应用
1963	哈格多恩和布朗	现场试验（1500英尺长管）	1¼	空气，原油	发展了专门处理 1¼in 油管的黏度效应的相关式
1965	哈格多恩和布朗	现场试验	1~4	油，水，气	提出处理多相流态所有区的普世化相关式
1967	奥克适韦斯基	对所有方法进行评论，提出自己的相关式	所有口径	油，水，气	利用罗斯及格黎菲斯与瓦里斯的工作，来建立自己的相关式，以预测在所有流态区内的压力损失
1972	阿齐兹和戈维亚	室内机现场试验	所有口径	所有流体	从力学角度提出相关式，针对现场数据进行检验
1972	桑奇思（Sanchtz）	现场数据	环形流动	所有流体	检验现有的相关式能否用于环空流动
1973	贝格斯和比利	实验室	1, 1½	空气，水	提出普世化相关式处理所有范围的多相流及任何角度的管流
1973	齐黎西（Chierici），锡维奇（Civeci）和斯戈洛奇（Scrocchi）				对奥克适韦斯基对段流的方法加以修改，用现场资料进行测验
1973	柯尼希	现场资料	环形空间	油与气	用于某一地区注高产井的现场相关式

· 79 ·

上述相关式中有的局限于某一种管子，有的是对特定流体较为适宜，其中顿斯和罗斯的相关式、奥克适韦斯基的相关式、哈格多恩和布朗的相关式，以及阿齐兹和戈维亚的相关式最为重要，它们都是通式，可以适用于所有尺寸的管子和任何流体，既可用于多相流，又可用于干气井，尤其可用于那些介于气井及肯定是多相流自喷井之间模棱两可的生产井。

储气库注采井大多为丛式定向井，受注采管柱配套工具的约束，注采井井斜角一般在40°以内。当井斜角小于20°时，用标准的垂向流相关式还是可以的；当井斜角大于20°时，采用哈格多恩垂直流滞留相关公式是比较可靠的。

对于上述相关式专门论述、推导的出版物较多，专业技术人员在进行设计计算时，可参考上述论述，利用成熟、稳定、适用范围广、界面良好的专业计算软件，通过生产数据拟合，优选出适合建库区块生产特点的相关式。

3）地面设备流动能力

储气库的主要作用是"削峰平谷"，保障目标市场用气安全和保障长输管道的平稳运行。因此，储气库内储存的天然气来自于长输管道，最终采出后还要还于长输管道之中去。然而天然气自储气库注采井中采出后，进入到天然气管道中需要较高的压力，具体数值视不同管道要求而不同。

储气库的运行不同于油气田开发，它不以获得最大的最终采收率为目的，因此其运行下限压力不能低至废弃压力。储气库运行下限压力的确定要综合考虑以下因素：

（1）低压力对储气库密封性的影响；

（2）最低压力所对应的储气库最小生产能力；

（3）最低压力对应的区块流体分布状态，考虑油或水侵入对库容和产能的影响；

（4）最低压力对应的井筒流体组分，尤其是气液同产井。

通过以上分析可见，储气库运行时其下限压力也会保持在较高水平。通过井筒流出能力分析，优化注采油管尺寸，最大程度地利用地层能量实现天然气外输，可避免增压外输，降低投资，提高储气库经济效益。

4）单井采气能力优化

只有当地层流入能力和井筒流出能力协调一致时，即流入曲线和流出曲线的交汇点，单井产能最大。图3-1为某井流入、流出曲线图。

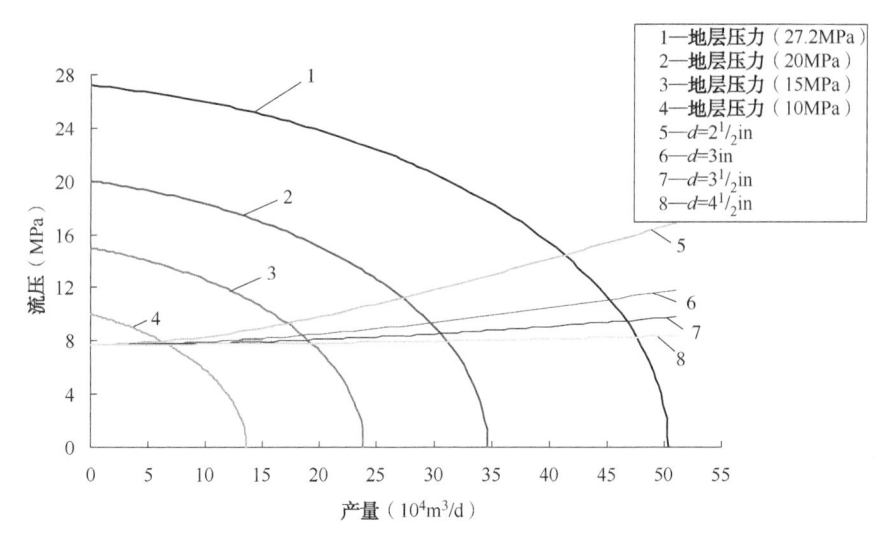

图 3-1 某库流入、流出曲线图（井口压力 6.4MPa）

2. 注气能力优化

1）地层注入能力

目前国内储气库在进行方案设计时，大都没有进行过现场注气能力试验，通常作法就是利用产能方程 $p_R^2-p_{wf}^2=AQ_g+BQ_g^2$ 的系数作为注气方程的系数，得出注气方程 $p_{wf}^2-p_R^2=AQ_g+BQ_g^2$。

大张坨储气库在建库前是利用循环注气方式开发的凝析气藏。建库前进行注气能力测试，经分析研究，注气规律也是遵循达西定律的，但得出的注气产能方程与采气产能方程还是有一定差别的。

2）井筒注入能力

井筒注入压力梯度的计算与生产时压力梯度计算的相关式一致，仅需注意式中各项符号正负的变化。注气时可按单相气流考虑。

3）地面设备注入能力

主要是通过单井注入能力优化，计算出不同地层压力、不同注气量情况下所需井口注气压力，这就决定了压缩机的排出压力。这在选用压缩机的技术规格中是很重要的。显然，所需注气压力越大，则所需的压缩机的排出压力也越大，从而，在不变的吸入压力下，相同气量所需的压缩机功率就要增加。

4）单井注气能力优化

注气能力的设计与采气能力的设计原理及程序相似，由于储气库采用注采合一井，注采井既注气也采气，因此，对于注采油管管径的敏感性分析，以重点考虑采气工况为主。

优化的注气能力应留有上调的空间，以弥补注气井随注气周期的延长而出现的能力降低。

二、限制性流量计算

1. 最小携液流量

利用油气藏改建储气库，地层出液是不可避免的，为了确保连续排液，注采井能持续自喷生产，需确定一个临界流量，即注采井在多相流条件下生产时，油管内任意流压下能将气流中最大液滴携带到井口的流量，称为最小携液流量。由于随着气流沿采气管柱举升高度的增加，气流速度也增加，为确保连续排出流入井筒的全部地层液，在采气管柱管鞋处的气体流速必须达到连续排液的临界流速。

目前应用较多的是利用基于液滴模型的Turner公式计算最小携液流量。

$$q_{sc} = 2.5 \times 10^4 \frac{p_{wf} v_g A}{TZ} \tag{3-1}$$

式中 q_{sc}——最小携液产气量，$10^4 \text{m}^3/\text{d}$；

A——油管内截面积，m^2；

p_{wf}——井底流动压力，MPa；

v_g——气体流速；

Z——天然气偏差系数；

T——气流温度，K。

显然，缩小采气管柱直径利于排出井底积液，延长自喷期。但是，直径小会增加井筒流出的压力损失，降低井口压力，造成采出气体无法正常进入天然气管网。因此，需要综合考虑各因素的影响。

从目前国内储气库实际运行情况来看，存在因井底积液造成注采井停喷，无法完成调峰气量的实例，说明储气库注采井的井底积液问题也需要关注。

2. 最大冲蚀流量

地下储气库注采井与普通气井相比，吞吐量较大，平均日采气几十甚至上百万立方米，并且使用周期长，因此井筒中高速流动的气体对管柱产生的冲蚀作用就很值得关注。冲蚀是指材料受到小而松散的粒子流冲击时，表面出现破坏的一类磨损现象。

1) 冲蚀产生的原因及影响因素

高速气体在油管表面流动，气分子冲击油管表面产生压缩应力波，压缩波在油管晶体中传播，产生大量位错，因晶界阻碍位错移动造成错堆积，产生应力集中，导致裂缝萌生和扩展。由此可见，冲蚀的发生与是否有腐蚀无关。

在影响冲蚀的因素中，粒子动能是衡量冲蚀的最主要因素。粒子动能涉及两项指标：粒子速度和粒径。

（1）粒子速度。粒子速度对材料冲蚀的影响是研究冲蚀机理的重要内容。目前大家比较认同的规律是冲蚀程度与粒子速度呈指数关系：

$$W = kv^n \tag{3-2}$$

式中　W——冲蚀失重；

v——冲击速度；

k，n——常数。

高速气体在管内流动时发生显著冲蚀作用的流速称为冲蚀流速。研究表明，当气体流速低于冲蚀流速时，冲蚀不明显；当气体流速高于冲蚀流速时，会产生明显的冲蚀，严重影响气井的安全生产。气体流速超过一定范围，随着流速增加，冲蚀加剧，如果气体流速增加3.7倍，则冲蚀程度可增加5倍。

（2）粒径。众多研究表明，冲蚀受粒径影响很大，当粒径降低时，冲蚀减小。但研究发现，同一种材料，当粒径降到一定程度后，冲蚀失重规律发生变化，其原因是由于粒子冲击动能的降低，导致了冲蚀机理由冲击破碎转变为划伤机制。

2) 防冲蚀措施

通过冲蚀影响因素的分析，对于地下储气库注采井冲蚀问题的防治有两条思路：一是改变油管用钢特性；二是控制气体流速。

（1）改变油管用钢特性。

按照日常模式思考，硬的东西抗磨损性能好。但研究表明，对于给定的合金钢，冲蚀程度不因热处理或冷加工使合金硬度提高而降低。因此，试图通过提高钢铁硬度来防冲蚀是不可取的。实际上，冲蚀性能是对组织不敏感的一种物理性质，弹性模量才是影响材料抗冲蚀能力的直接、关键因素。因此，可以通过合金化或材料复合等手段提高材料的弹性模量来提高材料的抗冲蚀性能。

对于地下储气库注采井，可以考虑采用共晶钴基合金材质的油管提高抗冲蚀性能，但在现场实际应用中由于注采施工工艺、投资等多方面因素的影响，还不能推广应用。

（2）油管内涂层处理。

由于冲蚀过程是在油管表面发生，可以通过对油管表面进行涂层处理减少冲蚀的磨损。但值得注意的是，由于涂层结构是层片状颗粒镶嵌叠加结构，颗粒结合面会发生破坏，导致涂层剥落，产生冲蚀，这时的冲蚀比单纯的基体材料冲蚀要严重得多。

从目前国内已经建成的地下储气库注采完井情况来看，其完井、修井作业中需要进行多次钢丝投捞作业，极易损坏内涂层，因此，用油管涂层的方法防冲蚀不适于地下储气库的建设。

（3）控制流速。

对于地下储气库注采井可以考虑如何将油管中的高压流动气体的流速控制在冲蚀流速以下，以减少或避免冲蚀的发生。

对于冲蚀流速的确定，由于其受到众多因素的影响，还没有准确的计算方法。目前常用的是《海洋石油生产平台管线系统设计和安装的推荐做法》（API RP 14E）推荐的计算公式：

$$v = \frac{C}{\sqrt{\rho}} \tag{3-3}$$

式中　v——冲蚀流速；

　　　C——经验常数；

　　　ρ——混合物密度。

由于地下储气库担负紧急调峰的任务，采气量是根据目标市场用气量确定，因此，控制气体流速的方法只能是根据采气量确定合理的油管尺寸。

$$v = 1.47 \times 10^{-5} \frac{Q}{d^2} \tag{3-4}$$

$$\rho = 3484.4 \frac{\gamma p}{ZT} \tag{3-5}$$

因此，可得出一定采气量下的最小油管直径：

$$d = 295 \times 10^{-3} \sqrt{Q \sqrt{\frac{\gamma p}{ZT}}} \qquad (3-6)$$

式中 v——冲蚀流速，m/s；

ρ——气体密度，kg/m³；

γ——气体相对密度；

p——油管流动压力，MPa；

Z——气体压缩系数；

T——气体温度，K；

Q——采气量，10^4m³/d；

d——油管直径，mm；

C——经验常数，取值100。

根据井筒体积流量与地面标准条件下体积流量的关系式：

$$\frac{p_s}{Z_s T_s} Q_s = \frac{p}{ZT} Q \qquad (3-7)$$

式中 Q_s——标准条件下采气量，10^4m³/d。

当地面标准条件取 $p_s = 0.101$MPa，$T_s = 293$K，$Z_s = 1.0$ 时，有：

$$Q = 345 \times 10^{-4} Q_s \frac{ZT}{p} \qquad (3-8)$$

代入可得：

$$d = 5.48 \times 10^{-5} Q_s^{0.5} \left(\frac{\gamma ZT}{p} \right)^{0.25} \qquad (3-9)$$

对一个地下储气库根据地质条件、用气需求等条件确定日均产气量和应急产气量后，即可确定为防止或减少冲蚀发生所需的油管最小直径。

通过以上问题分析研究可知，对于地下储气库，应确定合理的油管尺寸，使油管中气体流动的速度控制在合理范围内，不至于产生明显的冲蚀。冲蚀流速不要限制到不必要的低值，以避免选用过大直径的油管，造成浪费。确定防冲蚀油管尺寸时，要兼顾油管滑脱现象，避免出现井底积液，影响注采井调峰量。砂的存在将大幅度提高油管冲蚀速率，因此，要合理确定生产压差，控制地层出砂。

三、合理流量计算

首先利用节点分析法，通过节点前后不同的相关式求解最大流量值，或绘制流入流出曲线图，其交汇点即为该状态下的系统最大流量值。然后利用最小携液流量和最大冲蚀流量两个限制性因素，进行核定，当最大流量值符合各项核定条件时，则该最大流量即可设定为合理流量值。

如国内某储气库，垂直深度1200m，斜深1500m，采出气相对密度0.60，井底温度56.5℃，压力运行区间7~12MPa，含液量1.0m³/10⁴m³。

1. 采气阶段

采气产能方程为：

$$q_g = 1.7935(p_R^2 - p_{wf}^2)^{0.6292}$$

计算了 $\phi73$ mm（2⅞in）和 $\phi89$ mm（3½in）两种油管的最佳采气量、最小携液量和最大冲蚀流量（表3-2~表3-4）。同时根据外输管道压力要求，设定了井口压力4MPa的限定条件（有时需根据地面工程的情况，计算多组不同井口压力限制条件下的最佳气量）图3-2为某储气库流入、流出曲线图。

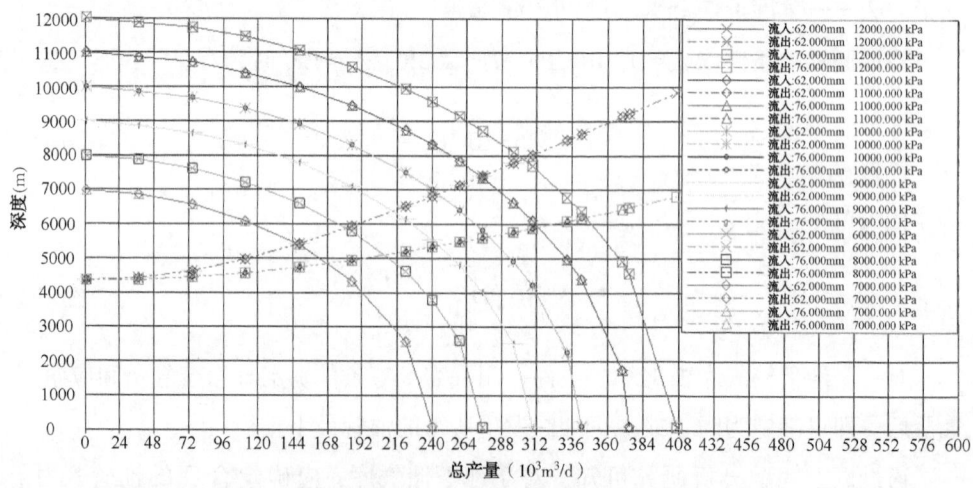

图3-2 某储气库流入、流出曲线图（井口压力4MPa）

表3-2 $\phi73$mm和$\phi89$mm油管的最佳采气量

地层压力（MPa）		7	8	9	10	11	12
采气量	$\phi73$mm 油管	14.5	18	21.5	24	27	30
（10⁴m³）	$\phi89$mm 油管	15.5	20	24	27.5	31	34.5

表 3-3 ϕ73mm 和 ϕ89mm 油管的携液流量

地层压力（MPa）		7	8	9	10	11	12
携液流量	ϕ73mm 油管	2.98	2.96	2.95	2.93	2.93	2.93
(10^4m^3)	ϕ89mm 油管	4.50	4.48	4.46	4.45	4.45	4.42

表 3-4 ϕ73mm 和 ϕ89mm 油管的冲蚀流量

压力（MPa）		7	8	9	10	11	12
冲蚀流量	ϕ73mm 油管	22.16	23.21	24.96	25.85	27.20	29.54
(10^4m^3)	ϕ89mm 油管	33.2	33.9	34.5	35.6	36.6	37.6

根据计算可以得出，在 7~12MPa 压力区间内，2⅞in 油管的最佳采气量为 $(14.5\sim30)\times10^4$m^3/d，3½in 油管的最佳采气量为 $(15.5\sim34.5)\times10^4$m^3/d。然而考虑冲蚀流速和携液流速后，对于 2⅞in 油管的产气量应控制在 $(14.5\sim20)\times10^4$m^3/d，对于 3½in 油管的产气量应控制在 $(15.5\sim35)\times10^4$m^3/d。

根据上述计算结果，综合考虑地质产能、钻完井工艺技术、施工成本等因素，最终确定采用 7in 生产套管和 3½in 油管，注采井日调峰气量 $(15\sim30)\times10^4$m^3/d。

2. 注气阶段

注气产能方程：

$$q_i = 1.7935(p_{wf}^2 - p_s^2)^{0.6292} \tag{3-10}$$

计算在地层运行压力区间范围内，不同注气量时的井口压力，主要是为地面压缩机及相关设备选型提供依据。表 3-5 给出了 ϕ89mm 油管注气井口压力预测。

表 3-5 ϕ89mm（3½in）油管注气井口压力预测表

地层压力（MPa）	不同产气量对应的压力（MPa）					
	15×10^4m^3		20×10^4m^3		30×10^4m^3	
	井底流压	井口压力	井底流压	井口压力	井底流压	井口压力
7	8.8453	8.30	9.7565	9.25	11.7040	11.27
9	10.4995	9.77	11.2778	10.58	12.9994	12.40
12	13.1620	12.16	13.7909	12.82	15.231	14.35

第三节 注采工艺设计

一、注采完井工艺

1. 射孔工艺

对于储气库注采井推荐采用油管输送射孔工艺，具有高孔密、深穿透的优点；一次射孔厚度大，可以达到1000m以上；可实现负压射孔，易于解除射孔对储层的伤害。此外，由于射孔前在井口预先装好采气树，安全性能好，且便于实现各项工艺联作。

该工艺是利用油管连接射孔枪下到储气层部位射孔。油管下部连有定位短节、带孔短节和引爆系统。通过地面投棒引爆、压力引爆、压差式引爆等方式使射孔弹引爆，一次全部射开储气层。油管内只有部分液柱形成负压。

目前，国内储气库应用最多的是投棒引爆。这种引爆方式要求油管通径畅通，井斜不能过大。在大港板中北储气库水平井射孔时，由于为形成负压，油管内只有部分液柱，采用了氮气油管加压引爆。为了保证射孔瞬间的负压，在加压和引爆射孔之间加装了延迟引爆，使高压氮气在引爆前释放出井口。

要获得理想的射孔效果，必须对射孔参数进行优化设计。进行有效的射孔参数优选，取决于以下几个方面：

（1）不同性质储气层中射孔产能规律的认识程度；

（2）伤害参数、储气层及流体参数获取的准确程度；

（3）可供选择的枪弹品种、类型。

目前国内储气库建库前大多处于枯竭报废阶段，钻井、固井施工时伤害带较深，对于射孔参数优化的基本规律原则是深穿透前提下的高孔密。

2. 注采工艺

在射孔之后，下入注采工艺管柱，实现注采井的正常生产。因此，要求注采管柱具有以下功能：

（1）满足气库注采井强注强采要求；

（2）实现井下安全控制；

（3）消除注采期间温度、压力交变对套管产生的影响；

（4）满足储气库运行期间温度、压力监测要求。

该工艺是在射孔后，通过压井作业，再下入注采管柱。但需要采取措施防止对储气层造成二次伤害。储气库注采井完井管柱结构从井口到井底依次为：油管、流动短节、井下安全阀、流动短节、循环滑套、封隔器、坐落接头、钢丝引鞋（图3-3）。

3. 射孔—注采联作工艺

该工艺射孔与注采完井只下一次管柱即可完成，避免了储气层二次伤害，既安全又经济，管柱的具体结构和封隔器等井下工具的型号因井而异。

该工艺是将射孔枪、引爆系统、带孔短节和定位短节连在注采管柱底端，一同下入井中，定位、调整油管长度后，坐封隔器、坐井口，替保护液，掏空降液面，然后投棒引爆，而后开井放喷投产。

从井口到井底依次为油管、流动短节、井下安全阀、流动短节、循环滑套、封隔器、上坐落接头、带孔管、下坐落接头、平衡隔离工具、射孔枪丢手、射孔枪总成（图3-4）。

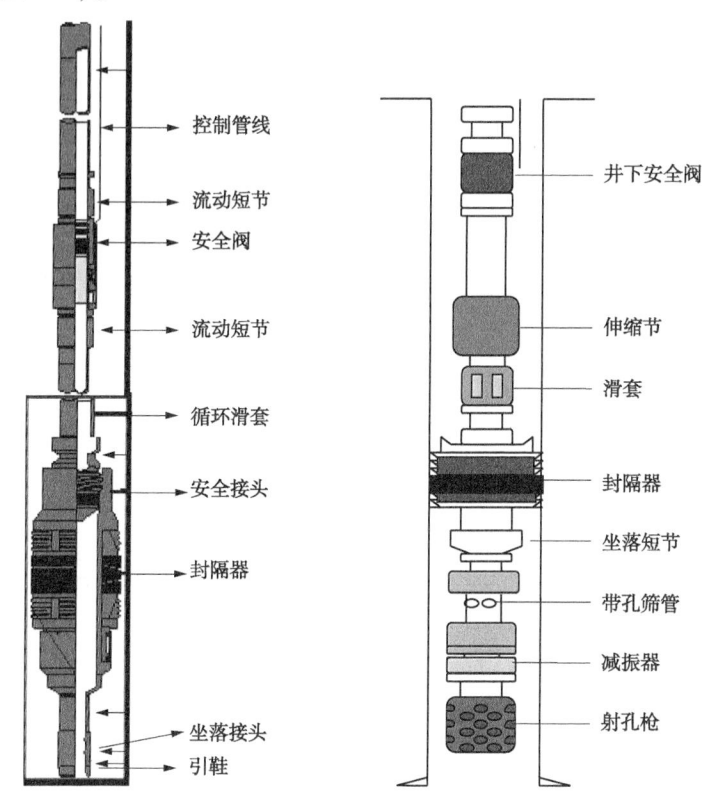

图3-3 储气库注采井完井管柱图　　图3-4 储气库常用完井管柱图

目前该工艺在国内储气库中应用最多，但该工艺施工复杂，协调单位多，需精心组织施工。

4. 射孔—注采—酸化联作工艺

该工艺主要针对碳酸盐岩储层的储气库而设计，是在射孔—注采联作工艺的基础上发展而形成的工艺技术，施工时下入联作管柱，先射孔，再测试，然后直接进行酸化施工。

设计时，要重点考虑井下工具和井口装置的耐酸保护，强化酸液的缓蚀性能。由于是利用枯竭油气藏改建储气库，要根据施工时地层流体性质、地层压力等参数，加强残酸返排的措施研究。

二、油管设计

1. 油管尺寸优化

根据节点分析，优化油管尺寸，满足地质配产配注气量的要求，满足地面天然气外输的要求，满足井底不积液，井筒不冲蚀的要求。

2. 油管强度校核

储气库注采井不同于普通生产井，其运行工况比较复杂，其工作状态依次包括：管柱下入、封隔器坐封、注气、关井、采气、封隔器解封、管柱起出等。在各个工作状态中，压力、温度的变化，都会引起管柱受力的变化，对于压力、温度变化引起的鼓胀效应、活塞效应以及温度效应等论述著作颇多，这里不再赘述。在进行注采井油管强度校核时不仅仅要考虑静载荷，还要考虑压力、温度变化引起的动载荷的影响。可利用专业计算软件进行计算，但值得注意的是，若选用的是可取封隔器，还要考虑修井作业时，解封封隔器附加载荷的影响（表3-6）。

表3-6　某储气库注采管柱附加载荷受力分析结果

工况 井深 (m)	不同工况下附加载荷（tf）					
	注气	采气	关井	坐封	解封（可取封隔器）	修井作业
2400	6.5	-9.5	1.8	6.2	36	18

3. 油管螺纹选择

在常规井的油管设计时，一般只进行强度校核设计，而不考虑螺纹的密封问题。但对于储气库注采井要高度重视油管螺纹的气密封性问题，尤其是在高低压交变应力作用下，螺纹反复拉伸、压缩后的气密封性能。

储气库对注采管柱密封性要求高，应采用金属对金属的气密封螺纹油管，并具有较高的抗应力交变的能力。油管的气密封螺纹技术要求与套管的气密封螺纹技术要求相同，在此不再赘述。

4. 油管材质选择

注采气井油管材质是根据储气库原有流体组分、将来注气组分和地层参数、流体性质共同来决定的。优选的油管材质既要满足防腐的要求又要经济合理。

目前在进行油管材质优选时,一般作法是利用相关标准和油管生产商提供的材质选择版图,结合室内模拟腐蚀性评价,最终优选出合适的油管材质。如图3-5即为日本住友公司提供的材质选择图版。

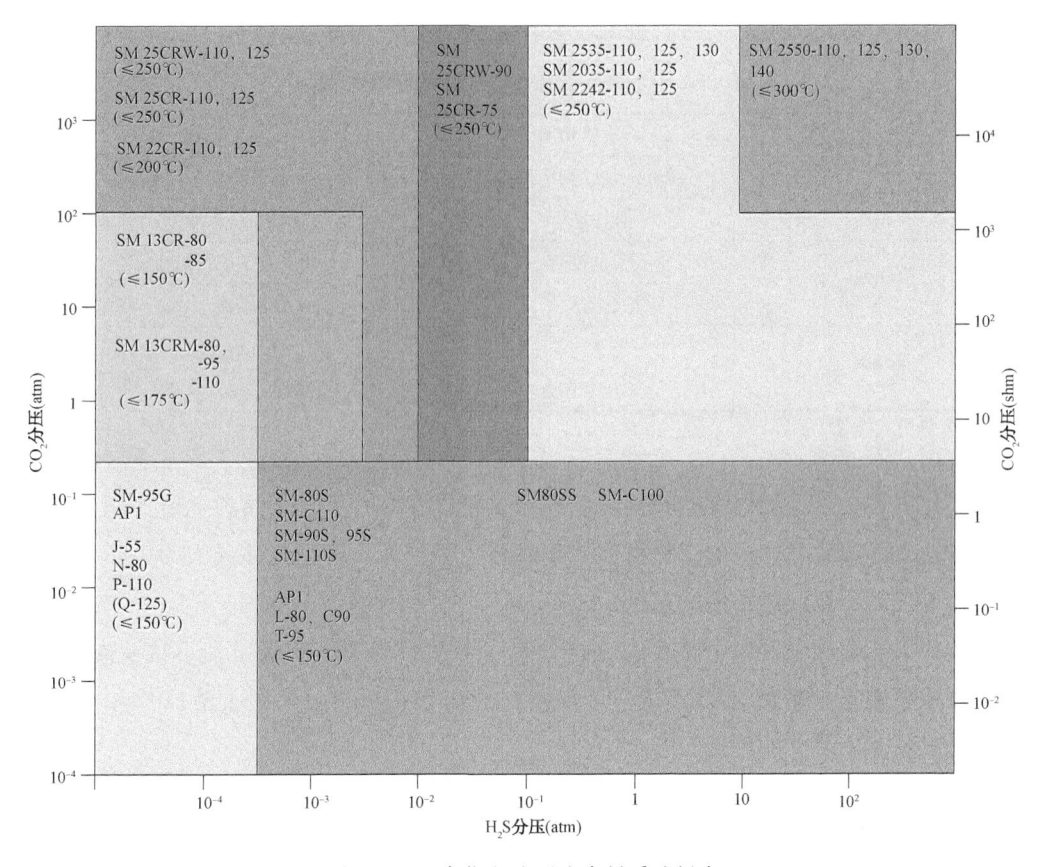

图 3-5　日本住友公司防腐材质选择表

根据目前储气库实际运行情况,对油管材质的选择可以初步得出以下结论:

(1) 储气库注采井防腐措施应以选择耐腐蚀材质的油管为主,内涂层油管和缓蚀剂防腐措施应根据注采井实际工况充分论证后确定;

(2) 在利用图版选择材质的基础上,模拟井下实际情况,开展多种材质的腐蚀性评价实验,可获得比较准确的材质腐蚀速率,为井下油套管材质选择提供依据;

(3) 储气库注采井油管防腐措施,不仅要考虑注采初期的腐蚀环境,也要考虑腐蚀环境的变化。

三、井下配套工具

选择配套工具的目的是实现管柱在完井作业、注采气生产以及今后的修井作业中的特定功能,主要通过管柱上配套工具实现相应功能(表3-7)。

表3-7 管柱应有的功能和对应的配套工具

作业名称	应有的功能	配套工具
完井作业	循环洗井、掏空诱喷	循环滑套
	管柱憋压	堵塞器、坐落短节
注采气生产	安全控制	井下安全阀、封隔器
	油套管保护	封隔器
修井作业	循环压井	循环滑套
	不压井作业	堵塞器、坐落短节

1. 井下安全阀

井下安全阀是确保注气井安全生产的重要设备。井下安全阀的主要作用是当地面发生紧急情况如火灾、地震、战争以及人为破坏,可以自动或人为关闭,实现井下控制,保证储气库的安全。

井下安全阀主要由上接头、液缸外套、液缸、弹簧、阀板以及下接头组成。通过地面液压控制其开关,安全阀阀板在液压作用下打开,失去液压作用时关闭,起到井下关井的作用。

为防止高压气流对安全阀的冲击,在安全阀上下各安装一个流动短节。

最大下入深度计算公式:

$$MD = C_p/G \cdot SF \tag{3-10}$$

式中 MD——安全阀最大下入深度,ft;

C_p——安全阀关闭压力,psi;

G——液压油的梯度,psi/ft;

SF——安全系数。

对于储气库注采井推荐选用油管起下地面控制的自平衡式井下安全阀(图3-6),深度一般距井口约100m。

2. 循环滑套

循环滑套是注采管柱中用来连通油套环空的设备(图3-7),其原理为通过移动内滑套来密封或打开本体上的流动孔道。

图 3-6　地面控制的自平衡式井下安全阀示意图　　　图 3-7　循环滑套

注采完井过程中在封隔器坐封后，环空内液体的替换，负压射孔的气举掏空，注采井生产过程中的洗井作业，以及修井作业前的循环压井都要通过打开循环滑套连通油套环空来实现。

目前滑套的形式主要有液压开关式和钢丝开关式。综合考虑注采井井斜、油管尺寸、现场施工及经济效益，推荐选用钢丝作业开关式滑套（图 3-8）。

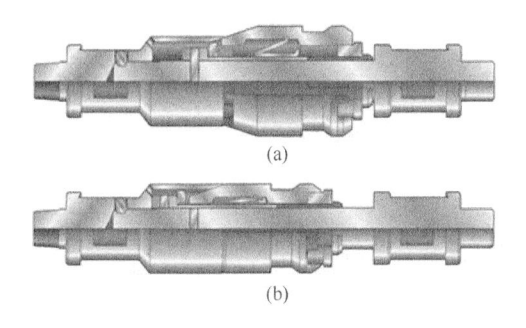

(a)

(b)

图 3-8　开关工具

3. 封隔器

使用封隔器的目的主要有 3 个：

（1）有效封隔注采油管和生产套管环空，避免气体腐蚀套管；

（2）缓解交变应力对套管产生的影响，保护套管，延长注采井寿命；

(3) 与井下安全阀一起实现注采井的自动控制,确保井下安全。

封隔器按解封方式可分为永久式封隔器和可取式封隔器。永久式封隔器一旦坐封,封隔可靠,不易解封,只有通过套铣才能解封取出;而可取式封隔器坐封后,可以通过提放进行解封,便于管柱更换,但该类封隔器受外力作用后容易解封。

注采井一般选用永久式封隔器,但需要在其上部配套安全接头,该工具是连接油管和封隔器的配套工具,上端采用正常油管螺纹与油管连接,下端带有密封组合并采用反扣螺纹与封隔器连接,其密封组合插入封隔器密封筒内起密封作用并且可以通过右旋脱开(图3-9)。

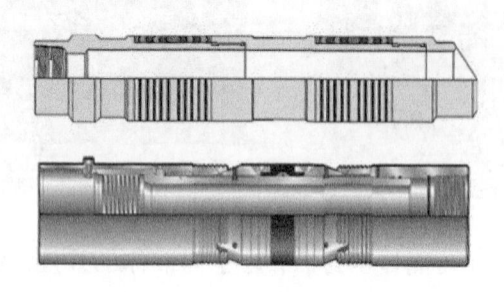

图3-9 永久封隔器及安全接头

对于下测压装置的注采井可选用可取式整体穿越封隔器,以利于将来的维修作业。坐封方式上均选用液压坐封封隔器。

4. 坐落短节

可通过钢丝作业将堵塞器坐落在坐落短节上,实现管柱上下隔绝,完成油管密封试压、坐封封隔器等作业(图3-10、图3-11);用钢丝作业将储存式压力计悬挂于坐落短节上,可实现对储气库压力、温度的临时性监测。

图3-10 坐落短节　　　　图3-11 堵塞器

四、井口装置及安全控制系统

1. 井口装置

储气库运行是注气和采气两个过程交替进行的,要求井口必须承受高压、高温,并具有一定的耐腐蚀性,同时应具有较好的气密封性能,便于运行管理操作。

1) 基本要求

(1) 能适应储气库使用工况,如温度、压力、产量、腐蚀性气体及运行后动态监测要求;

(2) 主密封均采用金属对金属密封;

(3) 油管头四通与生产套管的密封为全金属密封;

(4) 出厂前必须进行水下整体气密封试验,确保采气树的质量;

(5) 闸阀为全通径,双向浮动密封阀门;

(6) 主通径与生产管柱配套;

(7) 井下安全阀控制管线可实现整体穿越;

(8) 与地面安全控制系统连接配套。

2) 技术参数优选

(1) 压力等级。

按照《井口装置和采油树设备规范》(API 6A)划分的压力等级选择见表3-8。

表 3-8 按 API6A 划分的压力等级表

API 压力额定值（psi）	2000	3000	5000	10000	15000	20000
API 压力额定值（MPa）	13.8	20.7	34.5	69.0	103.5	138.0

(2) 温度等级。

根据环境的最低温度、流经采气井口装置的流体最高温度选择井口装置温度等级。

按照《井口装置和采油树设备规范》(API 6A)划分的温度等级选择见表3-9。

表 3-9 按 API 6A 划分的温度等级

序号	温度类别	适用温度范围（℃）	序号	温度类别	适用温度范围（℃）
1	K	−60~82	5	S	−18~66
2	L	−46~82	6	T	−18~82
3	P	−29~82	7	U	−18~121
4	R	室温	8	V	2~121

(3)材料等级。

根据注采井运行工况,可参照表3-10和表3-11进行优选。

表3-10 井口装置材料等级优选表(由CAMERON公司提供)

材料级别	H_2S	CO_2	氯化物(mg/L)	最高温度[℉(℃)]
AA(合金钢) 无腐蚀工况	0.05	<7	<20000	350(177)
BB(合金钢,不锈钢) 中等腐蚀环境工况	0.05	7~30	<20000	350(177)
CC(全不锈钢) 腐蚀环境工况	0.05	>30	<50000	250(121)
DD(NACE工况合金钢) 无腐蚀酸性环境	>0.05	<7	<20000	350(177)
EE(NACE合金钢,不锈钢) 中等腐蚀,酸性环境	>0.05	7~30	<50000	350(177)
FF(NACE全不锈钢) 中等腐蚀,酸性环境	0.05~10	>30	<50000	250(121)
HH(全镶嵌镍基合金) 极端腐蚀,酸性环境	>10	>30	≤100000	350(177)

表3-11 API 6A对井口装置等级的要求

API材料等级	本体、阀罩、端部和出口连接	压力控制阀、阀杆、芯轴式悬挂
AA——一般工况	碳钢或低合金钢	碳钢或低合金钢
BB——一般工况	碳钢或低合金钢	不锈钢
CC——一般工况	不锈钢	不锈钢
DD—酸性工况	碳钢或低合金钢	碳钢或低合金钢
EE—酸性工况	碳钢或低合金钢	不锈钢
FF—酸性工况	不锈钢	不锈钢
HH—酸性工况	耐腐蚀合金	耐腐蚀合金

对于储气库注采井井口装置材料等级的优选,应综合考虑注采井运行规律和腐蚀环境的变化情况,做到安全、适用、经济。

(4)产品规范等级(PSL)。

《井口装置和采油树设备规范》(API6A)标准中规定了井口装置最低PSL等级选择标准(表3-12、图3-12)。

表 3-12　设备的质量控制要求表(API 6A 节选)

要求	PSL-1	PSL-2	PSL-3	PSL-3G	PSL-4
通径测试	是	是	是	是	是
流体静力学测试	是	是	是,延长	是,延长	是,延长
气体测试	—	—	—	是	是
组装的追踪能力	—	—	—	是	是
连续性	—	是	是	是	是

此参数是对产品质量控制的要求,级别越高,要求测试的项目就越多。

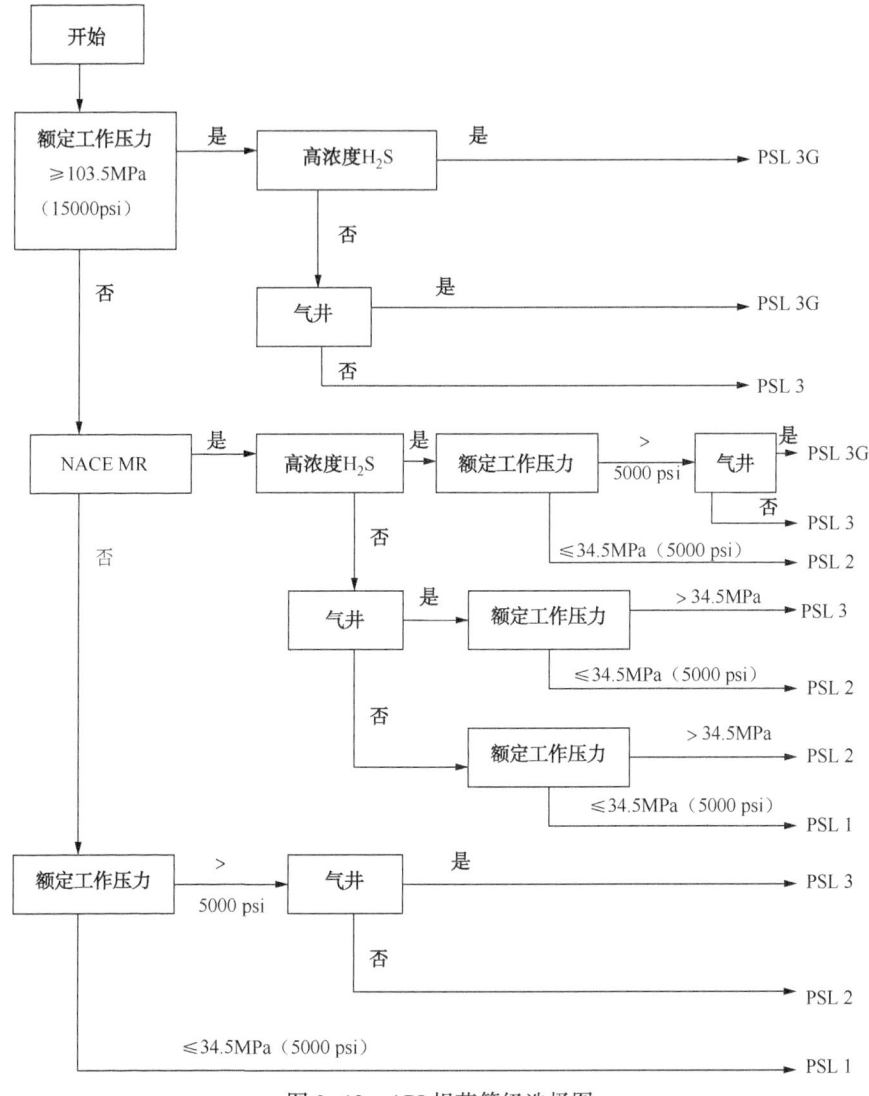

图 3-12　API 规范等级选择图

(5) 产品质量要求(PR)。

《井口装置和采油树设备规范》(API 6A)标准中产品质量要求分两个等级PR1和PR2,并且明确了各自的具体要求。应根据井口各部分的使用工况确定产品质量要求,对于安全阀必须达到PR2的要求。图3-13为"+"字形采气井口装置。

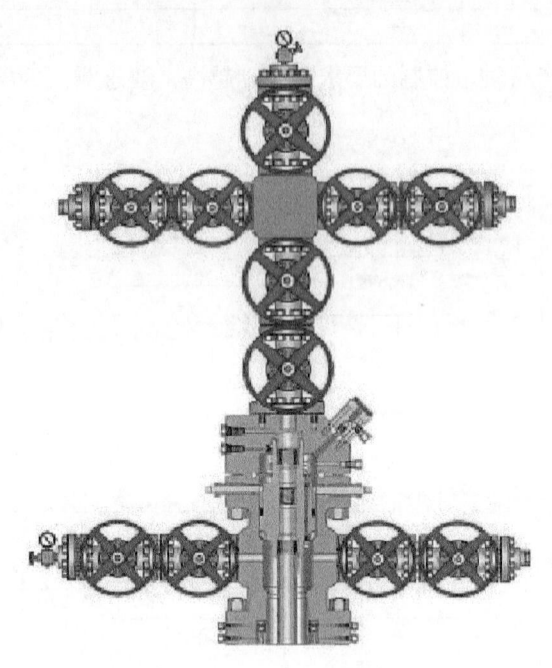

图 3-13 "十"字形采气井口装置

2. 井口安全控制系统

储气库注采井长期生产的是高压天然气,并且地面环境复杂,安全环保要求严格,因此,井口安全系统应具备以下功能:

(1) 在发生火灾情况下,可以自动关井;

(2) 在井口压力异常时,可以自动关井;

(3) 在采气树遭到人为毁坏和外界破坏时,可以自动关井;

(4) 在发生以上意外,或者其他原因需要关井时,可以在近程或远程实现人工关井;

(5) 能够实现有序关井,保护井下安全阀。

3. 主要设备

安全控制系统主要由井下和地面设备组成,井下设备由安全阀和封隔器组成，地面设备由地面安全阀、采集压力信号的高低压传感器以及控制柜组成。安全控制系统主要设备如图 3-14 所示。

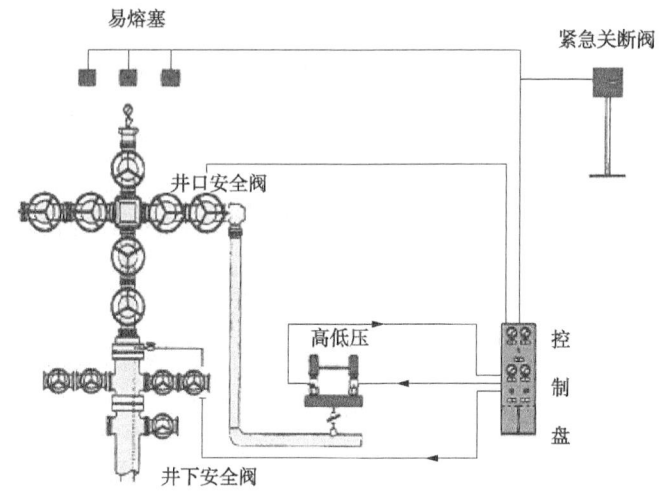

图 3-14 井口安全控制系统主要设备示意图

4. 连接方式

安全系统的安装有两种方式：单井控制和多井联合控制方式。

1) 单井控制

单井控制的优点是安装简单、维护简便。适用于独立单个井的安全控制，具备手动关断控制，ESD 紧急关断控制、RTU 远程关断控制。对于储气库注采井安全阀一般选用液动型执行器，液压动力源可由气动泵、电动泵或手动泵提供。

2) 多井联合控制

多井联合控制就是通过一个控制柜控制一个井组，控制井数可达十几口。多井联合控制适用于井口较集中的丛式井井场。

多井控制柜采用模块化设计，共用公共的液压供给模块和 RTU 控制模块，每个单井控制模块与其他各井模块之间相互独立，能够对每口井的井下安全阀，地面安全阀分别独立地进行控制。多井控制柜的液压动力源一般采用电动泵或气动泵。

第四节　注采完井配套技术

一、地下储气库动态监测技术

地下储气库动态监测主要包括储气库井筒密封性监测、动态参数监测以及盖层和油气水界面监测等。国外的动态监测技术日趋完善，仪器设备齐全配套，但由于地质情况和对储气库的要求存在差异，各国对地下储气库的监测内容略有差别。例如，法国地下储气库在运行时，对注采气井不做井下生产动态监测，只在井口和地面进行压力、流量和组分的实时测试；美国等国家在储气库气水界面附近和盖层附近布置一批观察井，用以监测储气库井下的动态变化，包括气顶、气水界面和盖层的密封情况。

我国地下储气库的研究和建造尚处于初始阶段，运行时间较短，监测技术尚未形成标准作法。

1. 井筒密封性监测

国外储气库在停气期，会对储气库注采井进行放射性测试，监测注采井固井质量和检查套管的密封性。固井质量差容易造成套管泄漏，气体会通过套管进入渗透层，因此，尤其需要对固井质量差的部位进行重点监测。可采用放射性示踪剂或者通过温度测井、中子测井监测。

2. 盖层及油气水界面监测

储气库盖层密封性的监测，是储气库安全运行的关键因素之一。由于盖层分布得不均衡，当注气压力较高时，未探明的盖层可能发生异常，进而使气体向上运移。当气体渗入盖层以上第一个可渗透层时，压力观察井将显示该层压力迅速增大，同时由于水的压缩性低，亦可通过水位测定判断有无气体进入该层。对于盖层和油气水界面的监测一般都是利用监测井射开相应层位观察压力变化情况，也可用中子测井，监测套管外孔隙内气体情况。

3. 动态参数监测

对于储气库监测的动态参数，采气期包括产气量、产液量、地层流压、流温、井口压力、温度、含砂等数据；注气期包括注气量、注气压力、温度、地层流压、流温等数据。通过监测注采井的动态参数，可及时掌握储气库的注采量及库内流体的分布和移动规律，进而分析储气库的运行状况。

1）临时监测

临时监测是指测取储气库某一特定时刻或阶段的压力、温度值，可以通过下入直读式电子压力计直接读取，这时地面需要有读取和存储压力数据配套的设备、人员、车辆。根据现场情况，也可以通过钢丝作业将存储式压力计下入井底，测试完毕后再通过钢丝作业将仪表挂和压力计取出。在高压气井中下电缆压力计要格外谨慎、仔细实施。图3-15为生产测试过程示意图。

2）实时监测

为便于及时掌握储气库运行动态，在储气库重点井中下入仪器进行重点监测。目前常用的有毛细管测压装置、电子压力计测压装置和光纤测压装置。

（1）毛细管测压装置。

毛细管测压装置是在管柱底端安装一个传压筒，其工作原理是井下测压点处的压力作用在传压筒内的氮气柱上，由毛细管内氮气传递压力至井口，由压力变送器测得地面一端毛细钢管内的氮气压力后，将信号传送到数据采集器，数据采集器将压力数据显示并储存起来（图3-16）。记录下来的井口实测压力数据由计算机回放后处理，根据测压深度和井筒温度完成由井口压力向井下压力的计算。

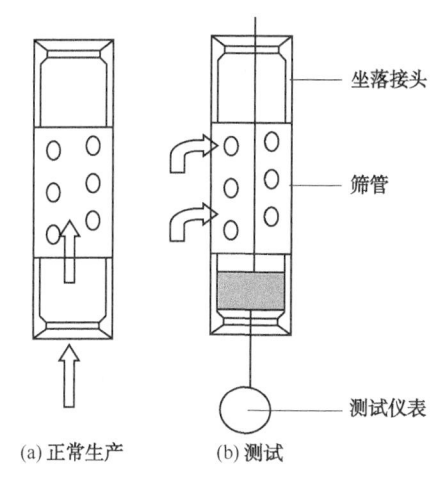

图3-15 生产测试过程示意图

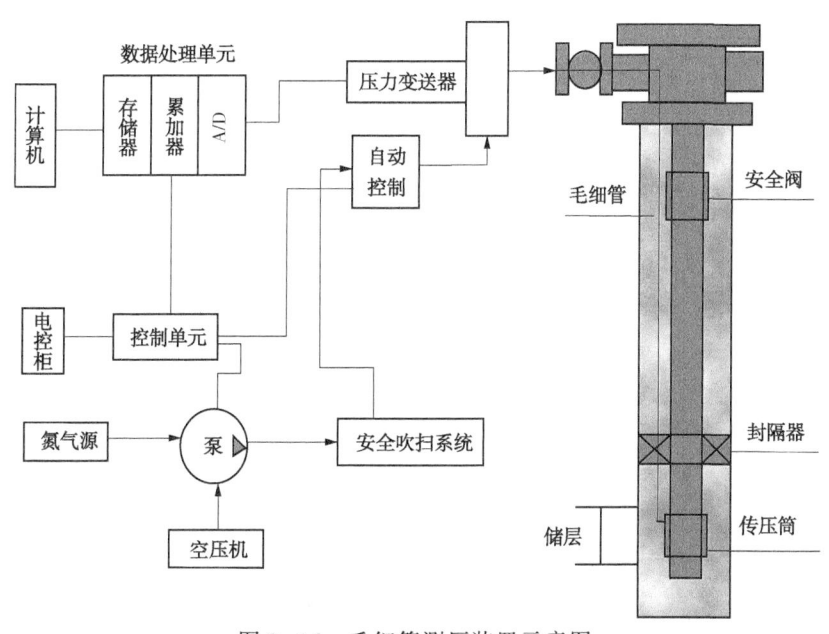

图3-16 毛细管测压装置示意图

毛细管测压系统主要有地面部分(氮气源、氮气增压泵、空气压缩机、吹扫系统、压力变送器、数据采集控制系统)和井下部分(井口穿越器、毛细钢管、传压筒、毛细钢管保护器)组成。其中数据采集控制系统由数据处理单元、控制单元、自动控制和显示器组成，自动控制系统又包括继电器和电磁阀；吹扫系统包括单流阀、高压针阀、定压溢流阀组成。

毛细钢管和传压筒中均充满氮气，氮气源由在井口的普通工业氮气瓶提供，定期将氮气吹扫至毛细钢管及井下传压筒中。

(2) 电子压力计测压装置。

电子压力计测压装置是在管柱侧面安装一个电子压力计承托筒，电子压力计放在承托筒中，其工作原理是井下测压点处的压力作用在电子压力计上，电子压力计电信号由井下电缆传递至井口，数据通过采集系统采集并传递到与之相连的计算机进行储存，可同时测量压力计所在位置的温度数据(图3-17)。显示器可以分屏显示每口井的温度、压力数据，也可以以图表的形式进行温度、压力随时间变化规律的显示。

电子压力计测压系统主要有地面部分(数据采集系统)和井下部分(井口穿越器、井下电缆、电缆护箍、电子压力计、电子压力计承托筒)组成。

(3) 光纤测压装置。

光纤测压装置是近几年发展起来的新技术。其基本原理是波动光学中平行平面反射镜间的多光束干涉，利用光纤法布里腔干涉仪对微小腔长变化的敏感性感知测量外界压力变化(图3-18)。

光纤本身就是温度传感器，可即时得到连续温度数据，其工作原理是光在介质中传播时，由于光子与介质的相互作用，会产生多种散射，主要包括瑞利散射、布里渊散射以及拉曼散射，其中拉曼散射对温度信息最为敏感。光纤中光传输的每一点都会产生拉曼散射光，并且产生的拉曼散射光是均匀分布在整个空间角内的，其中一部分被会重新沿光纤原路返回，称作背向拉曼散射光，被光探测单元接收。因此可以通过判断其强度的变化实现对外部温度变化的监测。

光纤监测系统由地面部分(测温光端机、压力调制解调仪、信号采集处理系统)和井下部分(钢管封装的双芯高温光纤一体化测试光缆、光纤法布里腔压力传感器)组成。

测温光端机发出激光脉冲，收集光纤传感器传来的散射光，并将光强转换成

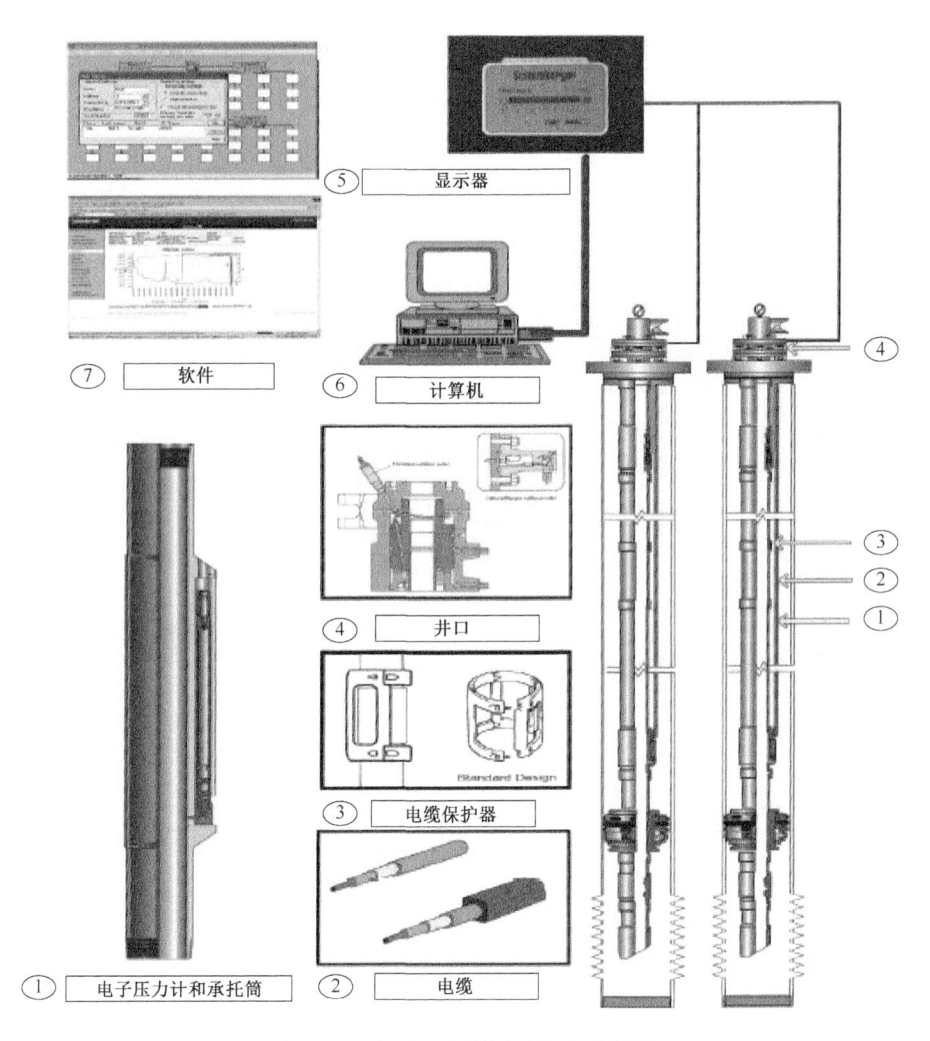

图 3-17　电子压力计测压装置示意图

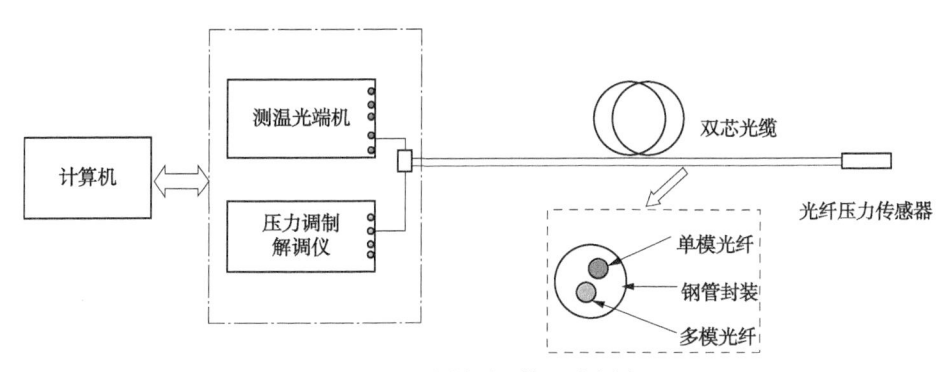

图 3-18　光纤测压装置示意图

温度；压力调制解调仪对干涉光谱进行处理，得出相应的压力数据。计算机收集并存储监测井温度、压力数据。一套地面设备可实现多口井的同时监测。

（4）优缺点对比。

毛细管测压装置、电子压力计测压装置、光测压装置技术对比见表3-13。

表3-13　3种测压装置技术对比表

监测方法	技术对比
毛细管测压装置	（1）井下无电子元器件，寿命长； （2）主要设备均在地面，不需要动管柱维修； （3）测试精度不高； （4）需定期吹扫氮气，现场维护工作量大
电子压力计测压装置	（1）能同时测取单点压力和温度数据； （2）精度相对较高； （3）寿命受温度影响大； （4）一旦井下电子元器件损坏，需要提出管柱维修
光纤测压装置	（1）能同时测取全井段温度分布和单点压力数据； （2）井下无电子元器件，耐温性能好，不受地磁影响，精度高； （3）现场安全性高； （4）成本相对较高

二、天然气水合物防治技术

天然气水合物是在一定压力、温度条件下，天然气中的自由水和烃类气体构成的结晶状复合物。

1. 水合物的生成条件

水合物的生成除与天然气的组分、游离水含量有关外，还需要一定的热力学条件，即一定的温度和压力。概括起来，生成水合物的主要条件有：

（1）天然气的温度必须等于或低于天然气中水汽的露点，即气体处于水汽的过饱和状态，有自由水存在；

（2）有足够高的压力和足够低的温度；

（3）在具备上述条件时，水合物有时还不能形成，还必须要求一些辅助条件，如压力波动、气体扰动、高流速、存在酸性气体（H_2S 和 CO_2），晶核诱导等。

水合物生成的临界温度是水合物存在的最高温度。高于此温度，无论压力多高，也不会形成水合物。但随着压力的增加，气体形成水合物的临界温度也增加。图 3-19 为某天然气水合物生成曲线。

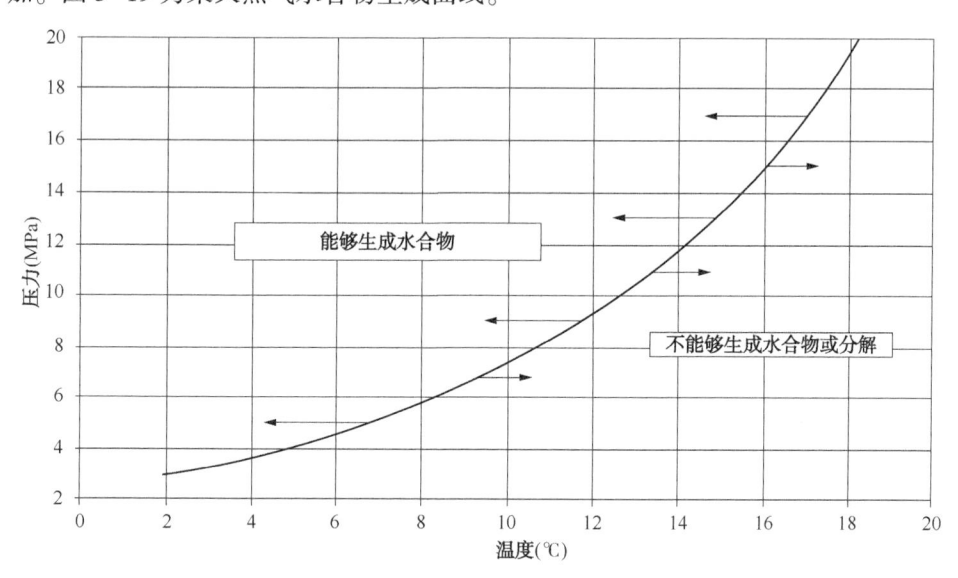

图 3-19 某天然气水合物生成曲线

2. 水合物生成条件的预测

天然气水合物的生成温度和压力与天然气的组分有关。目前，有许多可供选择的确定天然气水合物生成压力和温度的方法，常用的有查图法和经验公式法。

1）查图法

查图法是矿场实际应用中非常方便和有效的一种方法。根据预测图版，把天然气的实际温度与临界温度相比较，当天然气温度低于水合物的生成温度（临界温度）时，有可能生成水合物（图 3-20）。

2）经验公式法

波诺马列夫对大量实验数据进行回归整理，得出不同密度的天然气水合物生成条件方程：

当 $T>273.1\text{K}$ 时

$$\lg p = -1.0055 + 0.0541(B + T - 273.1)$$

当 $T \leqslant 273.1\text{K}$ 时

$$\lg p = -1.0055 + 0.0171(B_1 + T - 273.1)$$

式中　p——压力，kPa；

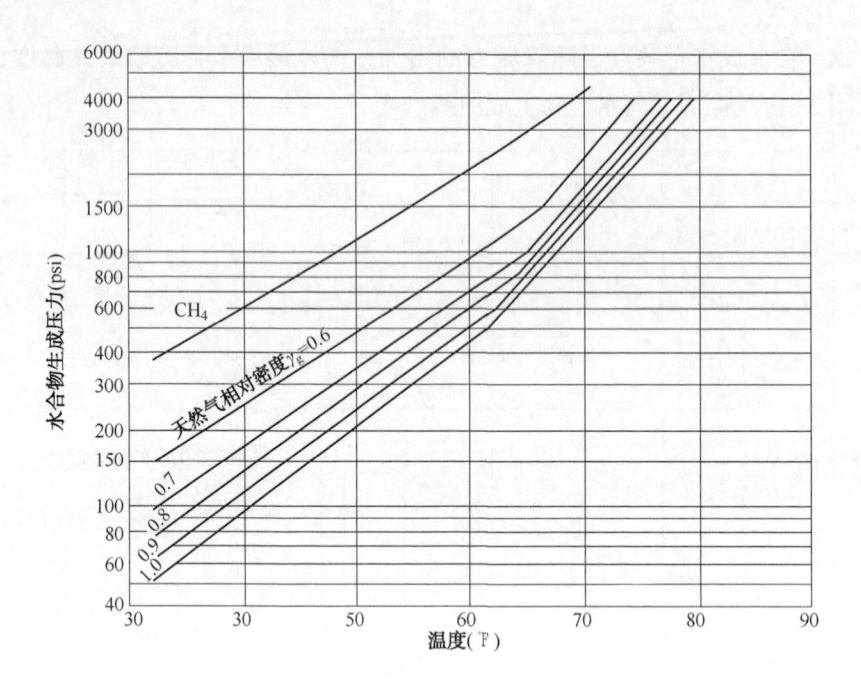

图 3-20 天然气水合物温度—压力预测图版

T——水合物临界温度，K；

B，B_1—— 与天然气密度有关的系数。

计算时，根据天然气组分求得天然气相对密度 γ_g，内插法得到 B 和 B_1（表3-14），利用经验公式计算某一压力下形成水合物的临界温度，或某一温度下形成水合物的临界压力。

表 3-14 B 和 B_1 系数表

γ_g	0.56	0.60	0.64	0.66	0.68	0.70	0.75	0.80	0.85	0.90	0.95	1.00
B	24.25	17.67	15.47	14.76	14.34	14.00	13.32	12.74	12.18	11.66	11.17	10.77
B_1	77.4	64.2	48.6	46.9	45.6	44.4	42.0	39.9	37.9	36.2	34.5	33.1

除上述两种方法外，也有利用相平衡计算法或统计热力学计算法进行水合物生成条件预测的。

3. 预防水合物生成的措施

现场实际操作中，为防止水合物生成的常用措施主要有以下 4 种：

（1）把压力降低到低于给定温度下水合物的生成压力；

（2）保持气体温度高于给定压力下水合物的生成温度；

（3）气体脱水，把气体中的水蒸气露点降低到操作温度以下；

(4)往气体中加入防止水合物生成的抑制剂，降低水合物的生成温度。

根据水合物生成条件预测以及现场实际运行情况，目前，国内储气库注采井在正常生产的时候，井口温度远高于当时工况条件下水合物生成的临界温度。只是在生成初期，井筒温度场未建立的较短时间内，井口有可能生成水合物。因此，对于储气库注采井防止井口生成水合物的主要措施是加入抑制剂。

对于水合物抑制剂的基本要求是：

(1)尽可能大地降低水合物生成的温度；

(2)不和气、液组分发生化学反应，无固体沉淀产生；

(3)不增加天然气及其燃料产物的毒性；

(4)完全溶于水，并易于再生；

(5)来源充足，价格便宜；

(6)冰点低。

目前常用的水合物抑制剂有甲醇、乙二醇、二甘醇等。应用抑制剂防止水合物的生成要解决两个问题：一是抑制剂作用下水合物生成临界温度下降幅度的定量关系；二是所需抑制剂的量。

经对比，甲醇一般不能回收，损失量较大，对环保有不利影响，大量注入时一般不采用。乙二醇可以回收，工艺成熟，投资低，可同时达到脱水和防冻的目的，操作灵活可靠。目前，大港储气库注采井都是采用注乙二醇作为抑制水合物生成的措施。

三、注采井油套环空保护技术

注采管柱下入生产套管内，封隔器坐封后，油套环空内应加注保护介质，用以保护环空内套管、油管、井下工具等，以有利于延长注采井寿命，同时能平衡封隔器上下压力，以利于封隔器稳定工作。

保护介质可以是惰性气体，油基保护液或水基保护液。目前，现场应用最广泛的是水基保护液。该保护液具有很好的杀菌、缓蚀、阻垢作用，价格便宜，现场操作安全，便于施工。

1. 腐蚀因素分析

1）溶解氧腐蚀

碳钢在无溶解氧的纯水中，几乎不发生腐蚀，而在含有溶解氧的水中极易发生电化学腐蚀，主要是由于金属管道各处的结构不同，套管内壁形成很多腐蚀微电池，阳极部分的铁以 Fe^{2+} 形式进入到溶液中，在此阳极反应中，碳钢表面剩下自由电子，它沿着金属导体流往阴极部分，而溶解氧在阴极区吸收自由电子形成 OH^-，进入到溶液中，即 $O_2+H_2O+2e \longrightarrow 4OH^-$，这时，从阳极部分进入到溶液中的 Fe^{2+} 与阴极区形成的 OH^- 相互作用生成 $Fe(OH)_2$，随后它又被溶解氧氧化为 $Fe(OH)_3$，其反应如下：

$$4Fe(OH)_2+O_2+2H_2O =\!=\!= 4\,Fe(OH)_3$$

这就是水中溶解氧对钢铁的腐蚀过程。溶解氧的腐蚀特点主要是形成点蚀，易造成油套管穿孔，危害性极大。

2) 溶解盐的腐蚀

水中随着盐类浓度的增加，水溶液的导电性增大，对油套管的腐蚀性也增大，但是，当盐浓度增大到一定量后，腐蚀速率开始下降，这是由于盐浓度增加时，溶液中氧的溶解度降低的原因。

3) 微生物的腐蚀

水中微生物种类很多，但对钢铁易形成腐蚀的主要是硫酸盐还原菌、腐生菌和铁细菌。

(1) 硫酸盐还原菌：硫酸盐还原菌在没有空气或较少空气的条件下才能生存，它是一种厌氧菌，能把水中的硫酸根离子的硫元素还原成 S^{2-}，进而生成 H_2S，引起腐蚀，同时 S^{2-} 还能和腐蚀出来的 Fe^{2+} 生成 FeS 沉淀。

硫酸盐还原菌是成群附在管壁上的，易产生点蚀，危害性极大。

(2) 腐生菌：腐生菌是好气异养菌，它能在固体表面产生致密黏液，为硫酸盐还原菌提供生长、繁殖的条件。在大量存在时还可形成氧的浓差电池，引起腐蚀。

(3) 铁细菌：水中有铁离子存在时，就容易引起铁细菌的繁殖。铁细菌依靠铁和氧进行生存和繁殖，依靠亚铁离子氧化成铁离子放出来的能量来维持生命。当铁溶解时，大量的亚铁离子即储存在细菌体内，在细菌表面上生成氧化后的三价铁的氢氧化物的棕色黏泥。黏泥下的金属表面因缺氧而生成浓差电池，产生局部腐蚀。

2. 保护液腐蚀性能评价

鉴于以上产生腐蚀的原因，在进行保护液配方研究时，有目的地从杀菌、除氧、缓蚀、阻垢等方面进行药剂的筛选复配试验。

采用 SY/T 0026—1999《水腐蚀性测试方法》中的静态失重法，计算腐蚀速率的公式为：

$$P = 8.76 \times 10^4 \, m/(At\rho) \tag{3-11}$$

式中　P——腐蚀速率，mm/a；

　　　m——试样失重，g；

　　　A——试样暴露面积，cm²；

　　　t——试验时间，h；

　　　ρ——试样材料密度，g/cm³。

通过大量的室内试验研究，根据钢材腐蚀率要求的最低标准，推荐保护液性能指标为：腐蚀速度不大于 0.01g/(h·m²)；pH 值≥9；密度 1.00~1.05g/cm³；悬浮固相杂质质量分数不大于 1.0%。

保护液与清水（大港自来水，碳酸氢钠水型）的腐蚀结果进行比较，见表 3-15。表 3-16 为不同材质钢片在保护液内的腐蚀实验数据。

表 3-15　L80 试片的腐蚀试验数据

试片编号	腐蚀介质	密度（g/cm³）	pH 值	腐蚀速度[g/(h·m²)]
238	自来水	1.0	7	0.086
222	自来水	1.0	7	0.080
259	环空保护液	1.03	9.5	0.004
244	环空保护液	1.03	9.5	0.005

表 3-16　不同材质钢片在保护液内的腐蚀实验数据

序号	腐蚀前试片质量（g）	腐蚀后试片质量（g）	试片面积（cm²）	腐蚀速度（g/h·m²）	腐蚀速率（mm/a）	备注
1	10.9192	10.9189	13.5378	0.0031	0.0034	L80 试片
2	10.8612	10.8608	13.4960	0.0041	0.0046	
3	10.8409	10.8405	13.4884	0.0041	0.0046	
4	10.9178	10.9176	13.5572	0.0021	0.0023	P110 试片
5	10.7893	10.7890	13.5036	0.0031	0.0034	
6	10.8331	10.8328	13.5116	0.0031	0.0034	

结果表明，两种钢片的腐蚀速率远低于标准规定的 0.076mm/a。

储气库注采井使用寿命长，使用后期不可避免有少量含有 CO_2 和 H_2S 的气体泄漏进入环空,产生的氢离子消耗部分氢氧根后离子,保护液中的缓冲溶液根据液体pH值的变化,可自动补充氢氧根离子,保持保护液的pH值稳定,从而减少对油管和套管的腐蚀。其原理是电离平衡原理,随着外来氢离子的加入,消耗部分氢氧根离子后,反应向生成氢氧根离子方向移动。

四、气密封螺纹检测技术

螺纹的气密封性是影响井筒气密封的关键因素之一。除了利用扭矩仪严格控制上扣扭矩外,目前国内储气库常用的作法是利用氦气检测螺纹密封性。

1. 检测原理及工艺

利用氦气分子直径小、能在气密封螺纹中渗透的特点,检测螺纹的气密封性。在管柱内下入有双封隔器的测试工具,向测试工具内注入氦氮混合气,加压至规定值,通过高灵敏度的氦气探测器在螺纹外探测有无氦气泄漏,来判断螺纹的气密封性。

检测管径范围:3/4~20in(19~508mm)。

探测器氦气检测的灵敏度为5ppm。

图3-21为气密封检测工艺及配套工具示意图。

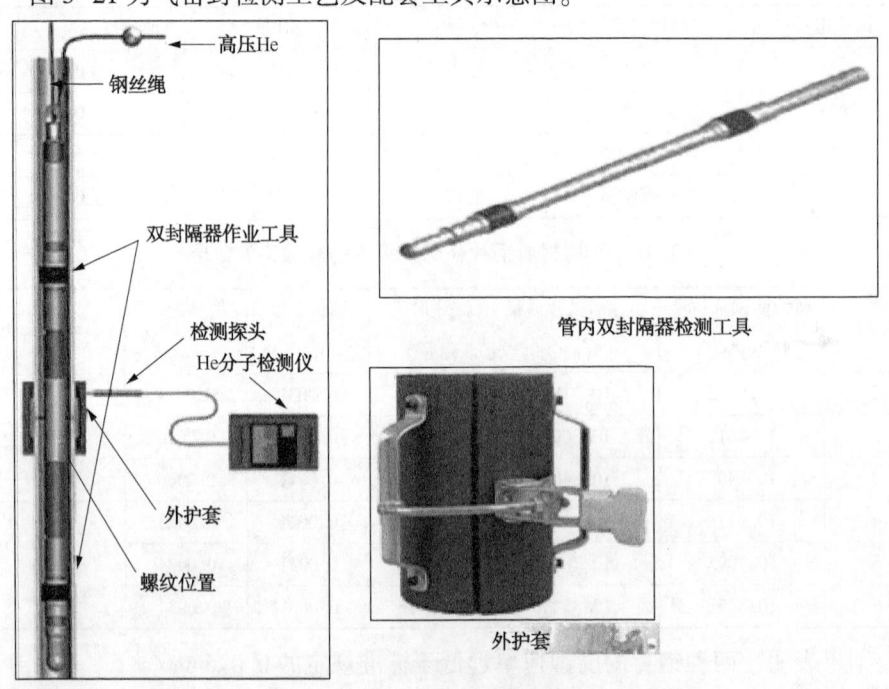

图3-21 气密封检测工艺及配套工具示意图

2. 主要设备

气密封螺纹检测设备主要包括动力部分(主要包括发动机、高压水泵、液压泵、空气泵及附件),绞车部分(包括绞车和控制台),检测工具(包括油管封隔器、气体注入管线及工具连接管线等),储能器(主要包括储能器本体、控制阀、氦气瓶、氮气瓶)以及氦气检漏仪。

3. 检测压力及质量的确定

检测压力按照储气库运行上限压力的 1.1 倍或油套管抗内压最大载荷的 75% 确定。

在一定的检测压力下,当泄漏率大于某一规定值时($1.0×10^{-7}$ Pa·m^3/s),就判定螺纹气密封性不合格。为保证检测结果的准确性,在发现氦气检测仪检测结果为不合格时,应该对同一螺纹进行再次检测,方可判定此螺纹气密封不合格。螺纹气密封性能不合格管柱不能入井,必须加以整改,再次检测合格后方可入井。

第四章 油气藏型地下储气库储层保护技术

第一节 储层保护技术设计原则

一般情况下,用于改建地下储气库的油气藏都有一个共同特点,就是被开采多年或是被废弃的枯竭油气藏储层压力亏空严重。由于储层压力亏空严重,如果没有很好的保护措施,将会严重伤害储层,造成注采井达不到设计的注采能力,严重影响储气库的生产运行。建库过程中,在钻开储气层、注水泥、射孔试油、酸化、注采、修井等不同的施工环节,都会不同程度地破坏储气层原有的物理—化学平衡状态,并可能给储气层带来伤害。因此,必须加强建井各个施工环节中对储层的保护,储层保护技术设计原则为:

(1) 坚持以预防为主的方针,立足于现有工艺技术,研究储气库钻采工程伤害特点,提出与现场工艺配套的储层保护措施,重点推荐出保护储层的入井液体系。

(2) 分析研究储层伤害的内因,即根据地质资料认识储层潜在的敏感性。根据岩心敏感性流动试验,定量判断地层的敏感程度,确定地层在未来建库及运行过程中可能发生的伤害。

(3) 分析研究储层伤害的外因,即通过分析原有的入井液体系性能、施工工艺、现场实施等情况,认识在油气藏开发过程中储层保护现状。

(4) 分析储气库运行的特点及难点,并结合国内其他已建储气库的储层保护成功经验,提出有针对性的储层保护技术要求,并形成适用于储气库的入井液体系。

(5) 满足质量、安全、环保、健康的要求。

第二节 钻完井工程储层保护技术

一、钻完井过程中储层伤害因素

在储气库钻完井过程中,储层伤害因素包括储气层内因及工程因素。

1. 储气层伤害内因

通过开展岩心敏感性试验，并结合储层地质、化验资料，分析其潜在敏感性，研究确定储气层伤害内因。

1）潜在敏感性分析

（1）储层潜在水敏。以大港储气库为例，储气层的岩性主要为岩屑长石粉砂岩和细砂岩，胶结物中泥质约占一半，胶结类型以接触式为主。储气层中黏土矿物蒙脱石相对含量高，若遇到外来液体与之不配伍，可能引起黏土水化膨胀伤害储层。另据 X 衍射分析，大港储气库的黏土矿物为蒙脱石型，其次为粒间高岭石和粒表伊利石、绿泥石（具体数据见表 4-1），具有潜在水敏特性。对于中低渗储层发生水敏伤害后，有效渗透率降低。

表 4-1 储层黏土矿物含量表

层位	黏土矿物相对含量(%)						黏土矿物总量(%)
	S	I/S	I	K	C	混层比	
板Ⅱ1	57.1	6.6	2.5	21.9	11.9	78	6.53

大港板南储气库，储层孔隙度为 10.2%~29.3%，一般为 20%~25%，渗透率一般为 15.4mD。物性较好的岩性最大连通孔隙半径达 10.62μm，平均喉道半径 6.49μm，物性中等的岩性最大连通孔隙半径为 3.1μm，主要喉道半径 1~5.4μm，物性最差的岩性最大连通孔隙半径 0.88μm。由于岩石孔喉较小，根据架桥理论，钻井液中固相颗粒（即使黏土颗粒也大于 20μm），难以进入孔喉深部，因此，其主要伤害因素为滤液在高压差下的侵入。而滤液侵入后，由于储层岩石本身特性，可能导致水敏伤害发生。

（2）局部中高渗透储层潜在漏失伤害。

大港板 876 储气库，孔隙度平均 21.1%，渗透率平均 164.5mD，最高可达 2489mD（库 2-4 井岩心分析），钻遇该高渗层段时如果防漏措施不当，容易发生循环漏失导致固相和聚合物侵入诱发深部伤害。

2）岩心敏感性试验评价

（1）岩心常规敏感性评价。试验结果见表 4-2。

试验结果表明，水速敏指数 0.19~0.63，伤害强度为弱—中等；以煤油作驱替液，测得速敏指数 0.07~0.11，表明速敏强度较弱；水敏指数 0.8361~0.8375，进一步验证了储层岩石呈强水敏特性。

表4-2 储层敏感性试验数据表

类别	水速敏	油速敏	水敏
伤害指数	0.19~0.63	0.07~0.11	0.8361~0.8375
伤害强度	弱—中等	弱	强

（2）岩心水锁伤害试验。

通过水锁试验分析水相侵入对储气层岩心渗透率的影响。试验结果见表4-3。

表4-3 岩心水锁伤害试验

岩心基本数据	岩心编号	38-15	39-9
	岩心尺寸(长×宽)(cm)	4.689×2.54	6.17×2.54
气测渗透率受水侵程度的影响	含水饱和度(%)	气相渗透率(mD)	气相渗透率(mD)
	0	2.2959	3.3416
	15	1.0415	2.254
	35	0.3645	1.9464
	55	0.2489	1.0402
	伤害率	0.89	0.69

试验结果表明，模拟储层被干气饱和后，潜在中等偏强水锁伤害。

（3）固相伤害模拟试验。

室内进行含固相钻井液体系模拟伤害岩心试验(岩心气测渗透率低于100mD，伤害样品为硅基防塌钻井液)，以研究固相侵入对气层渗透率的伤害情况。伤害模拟结果见表4-4。

表4-4 固相伤害模拟试验

岩样编号	初始渗透率(mD)	伤害后渗透率(mD)	伤害值(%)	伤害程度
44	0.7894	0.3659	53.6	中等
45	0.2896	0.112	61.3	中等偏强

通过含固相钻井液体系对岩心伤害的模拟试验，在3.5MPa压力条件下，固相在岩心端面聚集形成了滤饼，但不致密。钻井液滤液进入岩心后，用初始压力(测初始渗透率时对应压力)排驱，难以排除岩样中的滤液，排驱压力提高到1.0MPa，排驱72h后，渗透率达到稳定，最终岩心渗透率伤害率高于53%。

实验分析认为，在含固相钻井液体系的固相、液相共同作用下，其最终伤率弱于水锁伤害，原因可能有二：一是固相滤饼的形成防止了滤液的大量侵入；二是岩心孔喉小，钻井液固相难以进入岩心，固相堵塞伤害较弱。

因此，对中低渗透储层而言，固相堵塞伤害程度相对液相侵入造成的危害弱。

2. 储气层伤害工程因素

1）完井液、水泥浆性能因素

（1）钻井液性能不当将诱发水敏、水锁、化学不配伍及固相堵塞等伤害。

① 当防漏能力不足时，中高渗透储层容易发生循环漏失导致固相和聚合物侵入，诱发深部堵塞伤害；

② 当钻井液滤饼质量不佳、不能有效控制滤液侵入时，因其与储层岩石不配伍，而在中低渗储层诱发水锁、水敏伤害；

③ 钻井液滤液与储气层中流体不配伍可诱发无机盐沉淀、处理剂不溶物、发生水锁效应、形成乳化堵塞及细菌堵塞；对于中低渗储气层，随着侵入深度的增加，该类伤害会显著降低储层渗透率。

（2）水泥浆对储气层造成水锁、碱敏、固相颗粒侵入及化学不配伍伤害。

固井作业中，在钻井液和水泥浆液柱与储气层孔隙压力之间压差作用下，水泥浆通过井壁被破坏的滤饼进入储气层，对储气层造成伤害。水泥浆对储气层的伤害原因主要包括以下两个方面：

① 固井水泥浆中固相颗粒在压差作用下进入储气层孔喉中，堵塞油气孔道，该伤害还取决于钻井液滤饼的质量。根据资料报导，水泥浆固相颗粒侵入深度约2cm。但如果固井中发生井漏，水泥浆中的固相颗粒就会进入储气层深部，造成严重伤害。

② 水泥浆滤液与储气层岩石和流体作用而引起的伤害。由于水泥浆密度远远高于地层压力系数，在亏空储层侵入深度大，容易诱发碱敏、水锁、化学不配伍等液相伤害。

（3）射孔液性能不当，其中固相、液相侵入孔眼将降低油气层的绝对渗透率和油气相对渗透率。如果射孔弹已经穿透钻井伤害区，此时射孔液不但进一步伤害钻井伤害区，而且将使钻井伤害区以外未受伤害的地层也受到射孔液的伤害。

2）工程因素

（1）钻井工程因素导致固液两相侵入储层深部，加重储层伤害。

① 压差因素：高压差直接影响钻井液滤液的滤失量和侵入深度，使得固相颗粒更容易侵入储层；钻井过程中，钻井液抑制性差导致井壁掉块、坍塌现象出现时，不得不提高钻井液密度来解决发生的复杂事故，从而使得钻井液液柱压力与地层压力之差随之增高，将使伤害加重；

② 浸泡时间：浸泡时间越长，钻井液中固相和液相侵入量越大；

③ 环空返速：环空返速越大，钻井液对井壁滤饼的冲蚀越严重，钻井液的动滤失量越大，固液两相侵入深度随之增加。

考虑到后期完井方式多为射孔完井，射孔后可能穿透钻井伤害带，解除近井伤害，因此，钻井过程伤害程度主要与伤害深度有关，而伤害深度与上述工程因素有密切关系。

(2) 固井质量因素导致系列入井流体不配伍，诱发各种伤害。

固井质量的主要技术指标是环空封固质量，而环空的封固质量直接影响储气层在今后各项作业中是否会受到伤害，其原因有以下几点：

① 环空封固质量不好，油气水层易相互干扰和窜流，能诱发储气层中潜在的伤害因素，如形成有机垢、无机垢、发生水锁作用、乳化堵塞、细菌堵塞、微粒运移、相渗透率变化等，从而对储气层产生伤害，影响产量；

② 环空封固质量不好，当注采井进行增产作业时，工作液（如酸液）会在层间窜流，对储气层产生伤害；

③ 环空封固质量不好，易发生套管损坏和腐蚀，引起油气水互窜，造成对储气层的伤害。

(3) 射孔完井过程参数不合理带来附加伤害。

① 成孔过程中，在孔眼周围大约 12.70mm(0.5in) 厚的破碎带处，形成渗透率极低的压实带（其渗透率 K_{cz} 约为原始渗透率 K_e 的 10%），极大地降低射孔井的产能。

② 射孔参数不合理（孔密过低，穿透浅、布孔相位角不当等），在孔眼及井底附近产生附加压降，降低射孔井的产能。

③ 射孔压差不当，导致孔道被堵塞：过压射孔会降低射孔通道周围地层的渗透率，并使射开孔眼被射孔液中的固相颗粒、破碎岩屑、子弹残渣所堵塞。

二、钻完井工程储层保护措施

1. 钻井过程中储层保护措施

钻井过程中储层保护措施主要从钻井工程设计、钻井液性能控制及钻井工程管理等方面入手。

（1）由于储气库储层亏空严重，建库前地层压力系数低，压差因素对储层的伤害影响较大，因此钻井工程设计方面应做好压力预测，优化井身结构，设计合理的钻井液密度，避免高密度、高压差条件下钻井液滤液的深部伤害。

（2）钻井液方面着重从体系的筛选及应用入手。为了防止钻井液固相颗粒及滤液侵入伤害，对钻开储气层前钻井液的性能要求如下：

① 钻井液密度必须与储层孔隙压力相适应，控制合适钻井液密度，防止出现井喷、井漏、井塌事故发生。

② 增强钻井液的抑制性，推荐添加无机盐或有机小分子防膨剂。

③ 控制储层段钻井液的滤失量，并防止高渗层的漏失。

④ 储层段控制钻井液 API 滤失量小于 5mL；钻井液含砂量小于 0.3%；HTHP 滤失量小于 12mL；MBT 小于 60g/L。

⑤ 采用屏蔽暂堵技术保护储气层。根据储层孔喉半径的大小，选用与之相匹配的钻井液类型及暂堵剂，体系中加入 2%~3%复合油溶暂堵剂。钻遇储层后及时补充储层保护材料，保持其浓度稳定。

⑥ 用好固控设备，清除无用固相，保持钻井液的清洁。

（3）进入储层前检查钻井设备，保证设备运转正常，准备好所需各种材料和工具，做好各项工序的衔接工作，提高机械钻速，快速钻穿储气层，优化测井项目，减少对储层的浸泡时间。

（4）建立健全储层保护监督体系，全体施工人员必须树立保护储气层的意识，保证各项措施的实施。

2. 固井过程中储层保护措施

固井过程中储层保护措施主要从固井方式、施工参数及水泥浆性能等方面入手。

（1）储气库注采井要求固井水泥浆必须返至地面，因此要选择好固井方式，详细计算固井时的循环压力，防止水泥浆漏失，造成储层伤害。大港储气库注采井生产套管固井均采用了两级固井工艺，根据压力预测及固井模拟测算，将分级箍（回接筒）与储气层的距离尽量缩短，降低固井时水泥浆对储层的正压差，保证了固井时既不压漏储层，又将水泥浆返到了地面。

（2）为了既保证固井施工的顺利进行，又不压漏地层，模拟计算固井时的循环压力，限制固井时的排量和泵压，防止循环压力过大而储层压漏。

（3）为了防止水泥浆滤液侵入储气层深部，引发与地层水不配伍、结垢等伤害，应加强水泥浆失水量的控制，水泥浆游离液控制为0，滤失量控制在50mL以内。

3. 射孔过程中储层保护措施

射孔过程中储层保护措施主要从射孔工艺、射孔参数和射孔液性能等方面优化入手。

1）射孔工艺选择

射孔过程一方面是为油气流建立若干沟通储气层和井筒的流动通道，另一方面又会对储气层造成一定的伤害。因此，射孔工艺对注采井产能的高低有很大影响。如果射孔工艺选择恰当，可以使储气层的伤害程度减到最小，而且还可以在一定程度上缓解钻井、固井过程对储气层的伤害，从而使注采井产能恢复甚至达到天然生产能力。采用负压差射孔工艺，并选择合理的射孔负压差值，可确保孔眼完全清洁、畅通，因为在成孔瞬间由于储气层流体向井筒中流入，对孔眼具有清洗作用。

大港储气库注采井采用了油管传输负压射孔工艺，通过选择合理的负压值达到保护储气层的目的。

2）射孔参数优选

射孔参数的选择直接决定了储气层与井筒之间的连通形式。在前期钻井、固井过程中保护储气层措施非常有效的情况下，储气层的完善程度很大程度上取决于射孔效果。射孔参数的优选是决定射孔效果的最重要因素，因此参数优选就决定了储气层的完善程度。

射孔参数主要有孔深、孔密、孔径、相位角等。随着科技水平的进步，关于射孔参数对产能的影响研究也逐步深入，所采用的研究方法概括起来主要有两种：一种是电解模型模拟方法；另一种是数值模拟方法。

美国人Mcdowell和Muskat于1950年根据水电相似原理，建立了一个理想均质油藏中心一口射孔完井的模型，应用电解模型模拟的方法，推导了在稳定流的条件下，孔深、孔密对产能的影响。西南石油学院也应用该方法对各种射孔参数对产能的影响进行了系统研究,除考虑孔深、孔密外,还研究了钻井伤害、压实伤害、布孔格式等因素对产能的影响。

美国人 M. H. Harris 于 1966 年建立了描述理想射孔系统的数学方程,采用有限差分法数值模拟,应用计算机研究了孔深、孔密、相位角及孔径对产能的影响。之后国内外的专家学者又分别采用有限元方法,建立三维有限元模型,考虑紊流作用的影响,得出了实际流动条件下各个参数的相关关系,推导出各个参数与产能关系的定量回归计算公式,并依此编制了射孔优化设计软件,使射孔参数与产能关系的研究从理论研究走向了实际应用,极大地推动了我国射孔优化设计工作。

3)射孔液优选

射孔液是指射孔施工过程中采用的工作液,有时也用于完井作业。射孔液对储气层的伤害包括固相颗粒侵入和液相侵入两个方面。侵入的结果将降低储气层的绝对渗透率和油气相对渗透率。如果射孔弹已经穿透钻井伤害区,此时射孔液的不利影响比钻井液更为严重。因此,要保证最佳的射孔效果,就必须研究筛选出适合储气层及流体特性的优质射孔液。

射孔液的基本要求是保证与储气层岩石和流体配伍,防止射孔作业过程中和后续作业过程中,对储气层造成进一步伤害,同时又能满足射孔施工工艺要求,并且成本低、配制方便。

(1)射孔液性能要求。枯竭油气藏型储气库建库时储气层压力系数低,射孔液的设计重点为控制滤失、防止水敏、提高携岩性能。要求具有如下特点:

① 具有强触变性,以携带射孔后炮眼的碎屑或其他杂质,利于液体返排和炮眼清洁,增强射孔效果;

② 防膨性能强,防止二次伤害;

③ 与负压射孔工艺配套,减少射孔液侵入深度,有效减轻水锁、水敏和结垢伤害,有利于注采井产能恢复。

(2)推荐射孔液体系。目前常用的射孔液体系主要包括无固相盐水体系、无固相聚合物体系、聚合物暂堵体系、油基射孔液体系及酸基射孔液体系等。根据大港储气库储气层的地质特点和储层伤害机理研究,本着经济、适用、有效的原则,推荐射孔液体系为水基触变型射孔液。

该体系优点:具有较强的触变性,能在静止状态下保持高黏,形成高强度滤膜,从而增加岩石自吸阻力,阻止液体进入储层,防止水锁发生;同时在剪切应

力下保持较好的流动性,可以携带射孔后炮眼的碎屑或其他杂质,利于液体返排和炮眼清洁,增强射孔效果。具体技术参数如下:

① 岩心粉的线性膨胀率低于 1.0%;
② 表观黏度 AV 为 $10\sim30\mathrm{mPa\cdot s}$;
③ 静切力 τ_{10s} 为 $2\sim4\mathrm{Pa}$, τ_{10min} 为 $3.5\sim6\mathrm{Pa}$;
④ 密度为 $1.00\sim1.02\mathrm{g/cm^3}$。

三、钻完井工程储层保护应用效果分析

大港储气库实践证明,在钻完井过程中各个环节都要注重储层保护工作,采取切实可行的储层综合保护技术,可以避免储层伤害。通过试井分析对钻完井工程的储层保护应用效果进行现场评价,分析数据显示,表皮系数为负值,说明储层保护效果明显。

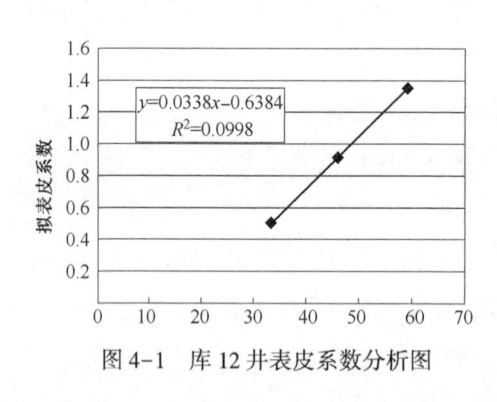

库 12 井是大张坨储气库中的一口注采井,采用电子压力计进行压力恢复试井,以了解该井的边界特征及储层物性,分析边水推进情况。利用关井时间—压力数据通过计算求得 3 次不同产气量条件下的拟表皮系数分别为 0.487,0.921 和 1.36,画出拟表皮系数和产气量的关系直线,导出真表皮系数为 -0.64(图 4-1)。

图 4-1 库 12 井表皮系数分析图

第三节 修井作业储层保护技术

一、修井作业过程中储层伤害因素

在储气库下完井管柱、更换完井管柱、补层补孔等作业中,为了保证安全施工,通常需要用压井液压井,而作业过程中的储层伤害主要与储层敏感性、压井液性能、施工工艺(包括作业方式、作业时机、作业后反排方式)等因素有关。

1. 与储层性质有关的伤害因素

(1)储气库流动介质主要为气相,修井过程容易受水相侵入,在近井地带形

成水相圈闭造成水锁伤害,降低气相渗透率。

（2）储层岩石为敏感性砂岩的储气库,发生作业滤失或漏失后,容易形成固相堵塞或乳化堵塞,诱发水敏、润湿反转、盐敏、碱敏等多种敏感伤害,伤害储层渗透性。如大港板中北储气库,根据试验分析,水敏指数 0.8361~0.8375,水敏伤害后渗透率降低 80%以上;固相堵塞后岩心渗透率降低 50%以上。

（3）储层为碳酸盐岩的储气库,如永 22 储气库,其主要渗流通道为裂缝时,潜在固相堵塞以及随着注采气循环引发的应力敏感伤害。

（4）压井液性能与地层不配伍时,会加重上述伤害,如滤液与储层岩石的化学不配伍（水化分散、膨胀）,以及防漏能力不足导致的固相和乳化堵塞,从而严重伤害储气库的注采能力。

2. 与工艺有关的伤害因素

（1）压井漏失伤害。由于储气库运行方式、作业时机和作业方式等方面的特殊性,压井作业容易发生漏失：其一,储气库注采井经过周期性注采运行,孔喉得以有效沟通,渗透性相对较好,如大张坨储气库,岩石渗透率大多高于 200mD,普通压井液容易侵入储层深部;其二,修井作业一般选择采气结束后进行,压力系数低至 0.5 左右,压井过程正压差相对较高（按照普通的水基压井液体系,即使在压力系数恢复至 0.8 时,正压差可达 6MPa）,容易发生压井液漏失。压井漏失不仅危害作业安全,还会诱发其他多种储层伤害。

（2）作业后反排压力、反排时间不足可能造成压井液滤液或固相杂质在近井地带滞留。

二、修井作业储层保护措施

储气库不同于油气田开发,伤害一经发生,将难以补救。对于油田开发,即使发生修井液伤害油层,也可以通过补孔、补层、酸化、压裂、提高生产压差等措施,改善油层渗透性;而对于储气库而言,其作业风险大、作业成本高、作业时机少,一旦储层受到伤害很难得到改善。因此,为避免储气库作业过程发生储层伤害,需要从优化压井液性能、提高作业工艺水平、选择适当作业时机、提高返排效率等着手,才能有效保护注采井产能。

1. 压井液的设计原则

压井液的设计主要包括压井液的类型、配方、密度、配制地点、设备、配制液量等。

1）压井液的类型

主要依据施工目的、施工工艺和注采井井况来选择合适的压井液体系和类型，满足作业顺利、不喷不漏的要求，并起到保护储层的作用。

2) 配方

配方成分满足与地层流体配伍性能好、在井底温度下正常工作、环保、成本合理等要求。配方要求与地层流体配伍，不能产生结垢、水敏、沉淀、絮凝等现象，而且其中聚合物组分也要与配方基液配伍，不然聚合物将难以溶胀而失效；要求配方组分中暂堵剂颗粒与地层孔喉匹配且软化点与地层温度匹配；配方中各类添加剂不能使用对人体和环境有害的化学品，满足环保健康要求；配方中各类添加剂的选择尽量做到成本合理，不宜使用过高成本材料，选择性价比较高的产品。

3) 密度的确定

确定原则是根据注采井压力系数进行确定，压井液密度在注采井压力系数的基础上附加 $0.07 \sim 0.15 \text{g/cm}^3$。对于低压漏失井应选用防漏压井液，根据防漏压井液的承压能力，合理选择其密度。

4) 压井液配制地点和设备要求

为了压井液性能能够得到很好的保障，压井液配制地点原则上在配液站配制，配液站拥有良好的配液设备和有经验的人员，包括搅拌机、搅拌罐、投料设备、加料漏斗、过滤设备、检验设备、稳定的水源、电力等。

现场配制压井液费时费力，且压井液性能无法得到有效保证。

5) 压井液配制液量

压井液的配制液量一般是井筒容积的 1.5~2.0 倍，可根据现场实际情况合理调整配制液量。

2. 低压储层防伤害压井液的性能要求

压井液应满足如下性能要求：

(1) 密度可调，气井作业期间能防漏、防喷、防气侵，保证施工安全；

(2) 防漏失能力：承压 6~8MPa、作业时间 15 天不漏失；

(3) 储层保护性能好：易返排，作业后压井液容易返排出井筒；岩心伤害率低于 15%。

3. 低压储层压井液配方研究与性能优化

综合储层的伤害特点、现场作业条件，推荐选用可降解暂堵型压井液体系用于低压注采井作业。优化研究可降解暂堵型压井液的具体配方和性能，主要包括基液、聚合物增稠剂、降失水剂、暂堵剂、稳定剂等的优化选择。

1）基液优选

压井液基液的选择既要满足防膨要求，与地层配伍性好，又要与配方中其他添加剂配伍性好，发挥添加剂应有的作用，共同维护配方的整体性能，同时密度满足地层压力要求。

室内进行了3%KCl溶液的黏土膨胀试验，结果表明3%KCl溶液的防膨率为65%~70%，说明使用KCl作为基液和防膨剂简单易行。

另外作为基液，KCl溶液具有以下优势：

（1）作为一价化合物，具有极小的结垢可能性；

（2）KCl溶液呈中性，不会造成碱敏伤害；

（3）与一般的聚合物和添加剂相溶性好；

（4）在常温下KCl盐水体系密度在$1.02~1.20g/cm^3$之间可调节，可以满足注采过程中不同储层压力情况下的密度要求。

2）主要添加剂优选

针对低压注采气井，可降解暂堵型压井液在正压差作用下会在井壁上形成滤饼，在形成有效滤饼前损耗的液体即初滤失液，基本上取决于压井液滤膜的稳定性以及承压能力。压井液研究应该要保证初滤失液低而且滤饼稳定，暂堵效率高，从而控制终失水，减轻水锁伤害，这就需要选择合适的降失水剂、稠化剂和暂堵剂。降失水剂、稠化剂等添加剂一方面具有提黏、悬浮能力；另外，它还可以协同暂堵剂控制滤失。

压井液在井壁上形成滤饼后，液体施加于滤饼壁上的剪切应力和滤饼的屈服应力大小控制着滤饼厚度的增加范围，进而控制初滤失量。当液体剪切应力等于滤饼的屈服应力时，滤饼停止增长；当液体剪切应力大于滤饼的屈服应力时，滤饼开始消蚀。而滤饼的屈服应力取决于滤饼中聚合物的浓度和压力梯度，剪切应力则依据液体的流变性和地层面上的剪切速率而定。因此，需优化压井液配方，合理添加添加剂，结合变形粒子的使用，保证压井液具有适当的屈服值，从而减弱由于冲刷造成的滤饼破坏，形成高强度滤膜，减少滤失。

（1）增稠剂优选。目前国内外使用的增稠剂较多，有纤维素类、聚丙烯酰胺类、瓜尔胶类、黄原胶类等。这些聚合物在3%KCl盐水中具有较好的增稠作用，但是考虑到抗盐、抗温、流变性、降滤失性、配伍性、储层保护、成本等综合因素，优选出HXC作为压井液的增稠剂。

从配方的研究指标出发，评价配方的黏度、失水、悬浮性，确定增稠剂的合理加量。室内以3%KCl为基液，分别添加浓度为0.3%，0.4%和0.5%的HXC，进行黏度、失水及悬浮性测试试验(表4-5)。

表4-5 HXC加量筛选表

配方组成	黏度（mPa·s）	API失水量（mL/30min）	悬浮性
0.3%HXC+3%KCl	200	37	12h有少量分层
0.4%HXC+3%KCl	320	26	24h无明显分层
0.5%HXC+3%KCl	410	20	48h无明显分层
备注	30RPM，3#	0.7MPa	添加1.5%暂堵剂

在配方中添加1.5%暂堵剂，观察混合后的分层情况来进行悬浮性评价。根据现场作业要求，确定配方稠化剂HXC的加量为0.4%~0.5%。

(2) 降失水剂优选。大港储气库储气层中存在部分高渗透区域，在这种情况下聚合物和固相添加剂能够穿透多数孔隙喉道形成内部滤饼。但是面临的问题是，外部滤饼上的压降较小，导致外部滤饼易受到修井工作液的剪切降解破坏，微粒容易被剪切下来而不容易到达岩石壁上，严重影响降滤失能力。

采用可变形的微粒，在应力和压力作用下能够变形，堵塞或充填于岩石孔喉，有利于形成低渗透滤饼，与其他油溶性堵剂复合应用既可降低初滤失量，又可以形成低渗透滤饼。这两种微粒，前者既可以自然降解也可以选择氧化剂降解；后者既可以热降解也可以油溶降解，从而达到防止二次伤害储层的目的。

试验表明，加入降失水剂DF与HXC复配后体系的初始失水得以控制(表4-6)。

表4-6 加量筛选表

配方中聚合物组成	塑性黏度PV（mPa·s）	初始失水量（mL/min）	备注
0.5%HXC+DF	12	1	测试条件：0.7MPa；添加2.0%复合暂堵剂
0.5%HXC+瓜尔胶	13	3	
0.5%HXC+HPAM	14	3	

从试验结果看，添加0.2%~0.3%降失水剂DF可以较好地控制初始失水量，当DF加量增至0.5%~0.8%时可以显著降低API和HTHP失水量。具体配方根据储层孔渗性、井温及作业时间适当调整。

(3) 暂堵剂的优选。控制水锁伤害是减轻压井液伤害的关键措施之一。作业过程中，压井液向岩石基质滤失，进入岩石孔隙空间。由于地层岩石的不均质性，有些聚合物被过滤出来留在低渗透性岩石表面；而在高渗透层位，聚合物和添加剂能够穿透多数孔隙喉道形成内部滤饼。聚合物和添加剂微粒在岩石表面构成了层状物，即滤饼，其渗透率比一般地层渗透性要低得多，如果体系中含有适当大小的微粒，这些微粒容易堵塞孔隙空间并有助于形成高效滤饼。根据储层的情况研究储层孔渗结构，可以实施大范围有效封堵。

另外基于漏失危害主要来源于储层大孔道、大孔喉，因此，压井液中主要暂堵剂的粒径应针对主要连通的大喉道半径设计，这是成功架桥实施暂堵的关键。

暂堵剂根据其溶解性分为油溶性、水溶性、酸溶性3类，考虑到储气库注采井主要是干气循环，可能含有少量油和水，选择复合型暂堵剂，其中的柔性成分作业完毕后容易返排，刚性暂堵剂在高压差下可以返排或通过措施解堵。对5种暂堵剂进行了评价，主要性能见表4-7。

表4-7 暂堵剂性能表

名称	ZC-1	ZC-2	JHY	JBA	TBD-2
外观	白色	棕黄	棕黄	浅黄	浅黄
主要粒度（目）	100~400	80~120	100~120	100~120	120~200
软化点（℃）		80~120	80~120	100~120	95
油溶率（%）		70	75	90	95
API失水量（mL/30min）	20(1.5%)	18(1.5%)	15(1.5%)	16.8(1.0%)	13.0(1.0%)

通过对5种暂堵剂的评价，从产品的API失水量、粒度、软化点等各项性能综合考虑，选择ZC-1和TBD-2暂堵剂作为压井液用暂堵剂，但根据现场情况和储层孔喉大小，可以调整暂堵剂颗粒尺寸，以满足架桥暂堵要求。

在满足与储层孔喉匹配的前提下，根据配方失水量的大小来评价暂堵剂的加量。室内通过正交试验获得合适配比的暂堵剂加量，结果见表4-8。

表4-8 暂堵剂加量筛选表

TBD-2(%)	1.0	2.0	3.0	0	0	0	0.5	1.0	0.5	1.0	1.5
ZC-1(%)	0	0	0	1.0	2.0	3.0	1.0	1.0	1.5	1.5	1.5
API失水量（mL/30min）	13.0	11.1	11.5	16.8	14.9	14.2	12.5	10.6	11.0	8.8	8.6

（4）稳定剂的优选。室内试验表明，不加任何添加剂的聚合物HXC在室温下放置1天即变质，黏度下降40%~50%。试验中通过添加0.05%~0.1%稳定剂

放置7天后，常温溶液黏度基本不变；添加YDC和YBC作为牺牲剂后高温下抗氧化降解能力增强，90℃条件下静置12h黏度保持50%以上。

3）压井液性能测试(表4-9)

（1）流变性。流变性参数表明该流体具有很好的剪切稀释性，触变性强，黏度适中，既有利于悬浮固相颗粒，又有利于作业后液体的返排，可以满足现场施工要求。

表4-9 暂堵压井液基本参数表

密度(g/cm^3)	1.02	塑性黏度PV($mPa·s$)	7~10
API失水量(mL/30min)	10	表观黏度AV($mPa·s$)	14.5~18
高温失水量(mL/30min)	20	动切力YP(Pa)	15
n	0.463	静切力τ(Pa)	4.5
K	526.7		

（2）热稳定性。高温稳定性试验结果如下：配方在90℃时，3.5MPa下失水量为20mL/30min，而且在90℃下、12h内暂堵剂无明显分层现象，悬浮稳定。

如图4-2所示，配方主体成分在90~110℃时的黏度仍保持初始黏度一半以上，说明在100℃以内的条件下该体系可以保持良好的工作状态，热稳定性良好。

（3）滤液与地层的配伍性。对滤液与$NaHCO_3$水型的地层水进行2:8和5:5比例混合，常温下放置5d无不溶物和沉淀物产生，在高温90℃时，24h内无明显不溶物产生，说明该基液与地层水配伍，不会造成化学沉淀等伤害。

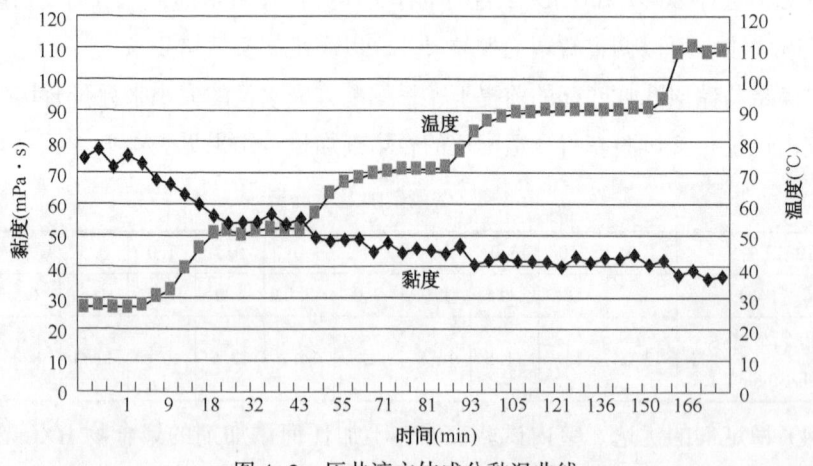

图4-2 压井液主体成分黏温曲线

下面的试验用于评价压井液的抗水敏能力,评价指标为皂土(或岩心粉)遇到滤液后的线性膨胀率,线性膨胀率越高,表明皂土与流体充分接触后水敏性越强。该静态试验利用页岩膨胀仪,通过测定岩心粉末与流体全面接触一定时间后的线性膨胀率,一般为24h。计算公式为:

$$E = \Delta h / (L_o - H_o) \times 100\% \quad (4-1)$$

式中　Δh——膨胀增量,直接从仪器上读数可得,mm;

L_o——常数,取50.1mm;

H_o——岩心粉柱放入筒中后测出的未充满段长度,mm。

膨胀率试验结果见表4-10。

结果表明,压井液的抑制性优于3%KCl盐水,相对于清水对岩石的膨胀率降低42%~44%,说明该压井液可以抑制黏土膨胀,减轻或消除潜在的水敏伤害。

表4-10　线性膨胀率试验

岩样来源	液　样	膨胀率(%)	膨胀率降低率(%)
皂土	暂堵压井液	50.12	42
	3%KCl	56.53	34
	清水	86	—
岩心粉	暂堵压井液	1.8	44
	3%KCl	2.86	10
	清水	3.2	—

(4)防漏性能。采用两种试验方法模拟压井液对储层井壁的封堵,测试压井液的防漏性能。

试验一:采用天然岩心进行岩心流动试验,模拟测试压井液对岩心的暂堵率。

先将天然岩心烘干,用标准盐水饱和后,驱替标准盐水测试液相渗透率,然后模拟地层伤害,同方向挤入压井液,实施封堵;停止伤害后,再测试岩样液相渗透率,得到压井液对岩心的暂堵率。

表4-11中试验数据表明,伤害过程开始15min内岩心两端压力从0.15MPa升至5.8MPa,30min内无滤液继续渗漏,表明该暂堵体系压井液迅速在岩心表

面形成致密滤饼，阻止压井液进入岩心深部。

表 4-11 暂堵压井液封堵能力试验

类别	初始阶段	封堵过程中				
驱替时间	2h	700s	900s	1000s	1100s	1200s
压力（MPa）	0.15	5.6334	5.8178	9.1012	11.1583	10.4680
液相渗透率（mD）	25.0542		2.0498	1.2510	1.2545	1.1765
暂堵率（%）			91.8	95.0	95.0	95.3
滤液量（mL）		0.13	1.08			1.69

试验二：采用人工砂床进行砂岩漏失模拟，测试压井液的防漏效率。

室内采用钻井 3 级堵漏材料试验装置，在装置内分 3 层混合 20~40 目，40~60 目石英砂和地层砂以模拟砂岩漏失层。试验前加入清水加压 5.0MPa 将砂床压实，然后分别以清水和压井液为介质，测定不同压力下的渗漏速率。其中以清水作为初始值；以暂堵压井液（2L）为介质时提高压力最高至 8MPa，对比前后渗漏速度，评价压井液在不同压力下的防漏性能。见表 4-12。

表 4-12 暂堵压井液防漏性能评价试验数据表

样品号	试验过程	介质	压力（MPa）	不同时间段砂床渗漏情况模拟参数			
1	初始	清水	0.6	时间（min）	5		
				渗漏速率（mL/min）	142.5		
				折算渗透率（mD）	40		
	防漏	暂堵压井液	5.0	时间（min）	5	30	60
				渗漏速率（mL/min）	5.17	2.29	1.53
				防漏效率（%）	96.4	98.4	99
2	初始	清水	0.3	时间（min）	5		
				渗漏速率（mL/min）	420		
				折算渗透率（mD）	235		
	防漏	暂堵压井液	8.0	时间（min）	5	30	60
				渗漏速率（mL/min）	2.6	1.47	0.98
				防漏效率（%）	99.4	99.7	99.8

试验结果表明，在加压的情况下（5.0~8.0MPa），压井液中暂堵剂在漏层表面迅速形成低渗屏蔽带，与清水相比，在5min后漏层漏失速率下降96.4%以上，30min可达99%左右，说明暂堵压井液具有很好的防漏性能；评价试验压力达到8.0MPa，说明配方在易漏失层实施暂堵可承压8.0MPa。

（5）对岩心的伤害分析。进行的岩心动态流动试验中，先将天然岩心烘干，正向驱替氮气测初始气体渗透率，然后反向驱替压井液，模拟地层伤害，实施封堵，观测滤液的滤失情况；停止伤害后，再正向驱替氮气，测试不同返排压差下的岩样气相渗透率。

试验结果表明（表4-13），随着返排压力增加，解堵率不断提高，0.2MPa、5h后压井液解堵率可以达到89.1%。暂堵压井液表现为弱伤害，岩心伤害率低于15%。

表4-13 暂堵压井液解堵试验

参数	伤害前	伤害后返排过程				
压力（MPa）	0.2	0.05	0.1	0.15	0.2	0.2
气测渗透率（mD）	227.95	156.1	185.25	194.21	201.05	203.10
驱替时间（h）		1	1	1	1	5
解堵率（%）		68.5	81.25	85.18	88.18	89.10
备注	岩样来源：双坨子泉三段1-14，长度3.90cm，直径2.52cm					

试验过程中发现，图4-3中恢复渗透率对应的返排压力为0.3MPa，从曲线可以看出，同一返排压力下，随着时间延长解堵率快速提高。

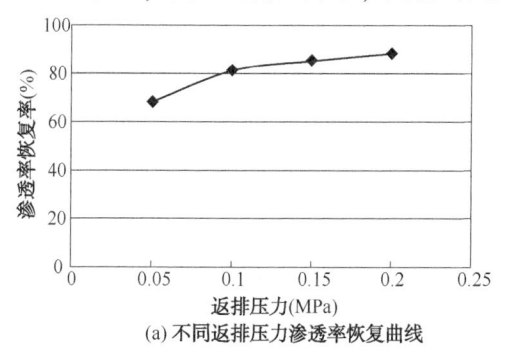

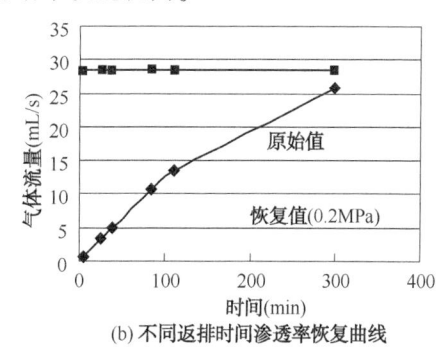

(a) 不同返排压力渗透率恢复曲线

(b) 不同返排时间渗透率恢复曲线

图4-3 压井液解堵试验

解堵试验结果说明，该压井液作业后通过自然返排可以实现解堵，解堵率约为90%。

（6）腐蚀性。室内采用静态挂片法（P110钢片）测定压井液腐蚀性。见表4-14。

表4-14 暂堵压井液腐蚀性评价试验数据表

腐蚀条件	腐蚀液体	腐蚀时间（h）	腐蚀速度 [g/(m^2/h)]	腐蚀速率（mm/a）
高温常压90℃	暂堵压井液	24	0.059	0.066

在90℃时压井液腐蚀速率0.066mm/a，与低于行业标准（腐蚀率不大于0.076 mm/a）的要求，说明该配方对生产设备腐蚀程度小。

4）可降解暂堵型压井液技术指标

密度可调：1.00~1.30g/cm^3；

API失水：≤15mL；

表观黏度：18~35 mPa·s；

压井液承压防漏能力：暂堵率不小于95%（8MPa，30min）；

岩心粉线性膨胀率：≤1.0%；

岩心渗透率恢复值：≥85%。

三、修井作业储层保护应用效果分析

大港储气库群运行10余年后，由于油管柱泄漏、工具失效等原因，有的注采井进行了修井作业。实践证明，注采井更换管柱时采用可降解暂堵型压井液保护储层，效果明显，作业前后注气量相当（表4-15）。

表4-15 注采井作业前后注气量统计表

序号	作业时间（d）	作业前日注气量（10^{4}m^3）	作业后日注气量（10^{4}m^3） 第一天	作业后日注气量（10^{4}m^3） 第二天
1	13	19.98	3.82	19.59
2	11	21.38	9.40	22.73
3	10	38.60	3.17	36.26
4	13	27.99	5.12	28.58
5	12	32.05	1.90	32.65

统计分析进行修井作业施工的 5 口井，压井液密度为 1.20~1.25g/cm³，按照垂直井深 2720m 计算，对地层的正压差可达 6.25MPa，最长作业时间 13 天，液面保持稳定，修井液未发生漏失。作业后放喷返排 4h 后投注，注气量恢复迅速。实践表明，作业后能否及时、彻底地将井筒内压井液进行返排，关系到储层保护的效果，应在条件允许的情况下，尽量延长返排时间。

第五章　油气藏型储气库老井评价与处理技术

第一节　老井评价与处理基本原则

油气藏型地下储气库是利用已枯竭或接近枯竭的油气藏改建而成。这类油气藏在开发过程中钻有很多探井和生产井，这些井大多年限较长，井筒情况复杂且其质量受到损坏，甚至有的井本身就是事故井或工程报废井。储气库建成之前如不及时有效地处理这些老井，无法保证储气库的整体密封性，同时埋下了巨大的安全隐患。因此，储气库老井处理技术是地下储气库建设过程中的一项关键技术。

储气库建库区域内的老井，首先应进行评价。根据评价结果，符合储气库技术要求的可以作为储气库的监测井或采气井再利用，其余不符合要求的要进行封堵处理。

一、评价所需资料

利用枯竭油气藏改建储气库时，原有的老井大多处于停产、报废状态，在其生产期间射开多套油层进行生产，部分油层还进行过防砂、压裂、酸化等措施改造，长期生产过程中可能存在井下落物、套管变形、腐蚀穿孔等诸多复杂情况，且地面环境也会发生较大改变。因此，正确掌握老井资料是评价认识老井的第一步。

首先要对老井钻井资料进行详细复查，确认老井井身结构、套管组合、固井质量以及钻井事故的处理经过等；其次对老井开采期间的生产情况进行调研，包括试油资料、生产资料以及历次作业情况，详细了解停产前的射孔数据、各层生产数据及作业过程中套管损坏记录、井底落物记录等；最后进行现场踏勘，踏勘时需要确认老井位置、老井井口状况、周边自然环境以及作业井场和进出场道路等多项资料，为老井处理作业提供准确的资料。

对老井目前井况进行评价的相关资料至少应包括以下内容：

（1）老井周边环境。老井周边的自然环境，以及是否具备符合作业要求的井场等。老井所处周边环境会直接影响老井处理的施工作业，从而关系到储气库能否建设，例如，若老井紧邻高速公路、铁路或位于建筑群、河道、水库、堤坝内，将给储气库的建设带来巨大的困难。

（2）老井井口情况。老井井口位置及井口状况，如井口是否可见、井口装置是否齐全、套管头等井口附件是否完整等。

（3）井筒情况。老井属于正常生产井，还是工程或地质报废井；老井井筒是否存在补钻、套变、落鱼、套管错断等复杂情况，是否有井下落物或封隔器、桥塞等井下工具，井筒内原有水泥塞的具体位置等。

（4）管外固井质量。老井固井质量测井资料，固井第一、第二界面的胶结情况。

（5）老井历史资料。钻井井史、完井报告、试油射孔总结、历次修井作业资料、相关生产资料等。

（6）其他相关地质资料。包括储气层位的孔隙度、渗透率、温度、压力以及各老井所处构造位置等相关地质资料。

二、老井评价与处理基本原则

在全面掌握老井资料的基础上，根据老井不同井况进行分类，并针对不同类型老井制定相应的处理措施。老井评价与处理的基本原则如下：

（1）掌握全面、准确的所有待评价老井的相关工程、地质资料，并重点排查是否存在以目前修井工艺技术无法进行有效处理的老井（如裸眼井、侧钻井、工程报废井等）。这些老井可能成为影响库址筛选的决定性因素，有时会因此类井的存在而影响储气库的建设。

（2）与地质方案相结合，初步筛选可以再利用的老井。筛选、确定再利用老井时，除了需要考虑老井所处建库区块的构造位置外，还须要满足以下3个条件：

①储气层及盖层段水泥环连续优质胶结段长度不少于25m，且以上固井段合格胶结段长度不小于70%；

②按实测套管壁厚进行套管柱强度校核，校核结果应满足实际运行工况要求；

③生产套管应采用清水介质进行试压，试压至储气库井口运行上限压力的1.1倍或套管剩余抗内压强度的80%，30min 压降不大于0.5MPa 为合格。

经过评价，确认老井管外水泥胶结质量或套管质量不能满足上述要求，该老井将不能进行再利用，而进行永久封堵处理。

(3) 针对不同待封堵井的井况特点，分别制定相应的封堵处理措施，制定的封堵措施必须遵循如下原则：

①防止天然气沿井筒内外窜至井口，以保障储气库对周边环境的安全；

②采取必要的措施，使储气层与其他层之间不窜，确保储气库整体密封性，减少天然气由储气层窜向其他非储气层造成的损失以及带来的安全隐患；

③老井封堵效果必须长期有效，满足储气库多个注采周期、高低交变应力运行工况特点的要求。

第二节　老井评价内容及方法

储气库老井处理前的评价内容，主要包括井口坐标及井眼轨迹复测、管外水泥胶结质量评价、套管剩余强度及承压能力评价等。通过评价，可以掌握老井目前状态，有利于制定有针对性的处理措施，而且为建设数字化储气库的需求，留存库区内老井的相关过程资料。

一、井眼轨迹复测

储气库老井在处理之前应重新测量所有老井的井眼轨迹，这既是建设"数字化储气库"的要求，同时也为新钻注采井井眼防碰提供了可靠依据。复测方法通常有陀螺测井和连续井斜方位测井等。

陀螺测井技术是以动力调谐速率陀螺测量地球自转角速率分量和石英加速计测量地球加速度分量为基础，通过计算得出井筒的倾斜角、方位角等参数，绘制井身轨迹曲线。该技术广泛应用于井身轨迹复测、钻井定向和侧钻井开窗定向等方面。

连续井斜方位测井主要依靠连续测斜仪完成，其井下部分一般由一个测斜仪和一个井径仪组成。它能测量井斜的角度和方位及两个相互垂直且互不影响的井径信号，可应用来确定井眼的位置和方向，并根据测得的方向数据，计算出真实的垂直深度。

二、管外水泥胶结质量评价

储气库老井在处理之前需要对管外水泥胶结质量进行评价，一方面判别该井是否满足老井再利用条件，另一方面通过固井质量评价结果为封堵井提供处理依据。

1. 管外水泥胶结质量测定方法

管外水泥胶结质量的测定有多种方法，如声幅（CBL）测井技术、变密度（VDL）测井技术、扇区水泥胶结（SBT 和 RIB）测井技术、超声波成像测井技术（IBC）等。上述各种测井技术精度差别很大：CBL 测井曲线只能在一定程度上探测水泥与套管（第一界面）胶结的好坏，而无足够的检查水泥与地层（第二界面）胶结情况的信息；CBL 与 VDL 测井配合使用，可提供两个界面胶结情况的信息，但没有完全克服声幅测井的缺点，没有提高纵向分辨率，对第二界面只能做出定性评价，固井质量评价结果也会出现一定程度偏差；扇区水泥胶结测井（SBT 和 RIB）不受井内流体类型和地层的影响，可确定井内绝大多数纵向上窜槽的位置，直观显示不同方位的水泥胶结状况，不需进行现场刻度，不受井内是否有自由套管的限制，识别精度比 CBL 和 CBL/VDL 有很大提高；超声波成像测井技术是最近几年新兴的一项测井技术，具有较高的精度，处理结果更加直观，能精确识别 CBL 或 VDL 等不能识别的水泥胶结缺陷。

测井方法的选择必须以老井对固井质量识别精度要求为依据，并结合再利用井类型合理选用测井方法，如一般封堵井，目前常用 CBL/VDL 测井对固井质量进行复测，如果待处理老井需再利用为监测井，应选用扇区水泥胶结测井的方法；如再利用为采气井，则应选用识别精度最高的超声波成像测井方法。

2. 管外水泥胶结质量评价方法

管外水泥胶结质量的评价主要以固井质量的复测结果为依据。以扇区水泥胶结测井为例，其胶结质量可以根据解释成果图进行评价：将管外水泥胶结质量分为 5 个级别，以分区声幅的相对幅度 E 为标准，当 E 值为 0~20%，灰度颜色为黑色，表示水泥胶结优质；当 E 值为 20%~40%，灰度颜色为深灰，表示水泥胶结良好；当 E 值为 40%~60%，灰度颜色为中灰，表示水泥胶结中等；当 E 值为 60%~80%，灰度颜色为浅灰，表示水泥胶结较差；当 E 值为 80%~100%，灰度颜色为白色，表示管外无水泥胶结。

经过评价，老井管外水泥胶结质量在储气层及盖层段水泥环连续优质胶结段长度不少于25m，且以上固井段合格胶结段长度不小于70%，则该井能够满足再利用井对固井质量的要求；如经过评价，老井管外水泥胶结质量在储气层顶界以上环空水泥返高小于200m或连续优质水泥胶结段小于25m，则封堵该井时需要进行套管锻铣作业，锻铣段长度不小于40m，锻铣后对相应井段扩眼，并注入连续水泥塞封堵。

三、套管剩余强度评价

当储气库老井需要再利用时，必须进行生产套管剩余强度评价，其目的是确定再利用井管柱强度是否满足储气库运行工况的要求，评价的主要依据是套管壁厚及内径的变化情况。

1. 套管壁厚及内径检测方法

套管内径的变化可以通过多臂井径仪测得，目前常用四十臂井径成像测井技术，通过40条测量臂来检查套管的变形、弯曲、断裂、孔眼、内壁腐蚀等情况。与传统的井径测井仪器相比，其测量数据大，能够比较准确地对套管进行检测，并且形成立体图、横截面图、纵剖面图以及套管截面展开图，可以更直观地了解套管的腐蚀、错断、变形等情况。

套管壁厚变化主要通过电磁探伤测井直接反映。电磁探伤测井技术属于磁测井技术系列，其理论基础是法拉第电磁感应定律，原理是给发射线圈供一直流脉冲，接收线圈记录随不同时间变化产生的感应电动势。当套管厚度发生变化或存在缺陷时，感应电动势将随之发生变化，通过分析和计算，在单套、双套管柱结构下，不仅判断管柱的裂缝和孔洞，而且得到管柱的壁厚数据。

值得注意的是，电磁探伤测井只是利用套管厚度的变化对套管伤害进行定量解释，但厚度反映的是套管四周的平均值，难以反映局部的损伤，不能直接监测套管内径及圆度变化。因此，该方法与多臂井径配合使用效果更好。

2. 套管剩余强度评价方法

套管剩余强度评价需从井史资料入手，对相关测井数据进行分析处理，然后进行模拟试验并对试验数据进行分析，通过计算机模拟软件分析计算套管柱剩余强度，确定薄弱点（带）分布位置，并依据 GB/T 20657—2011《石油天然气工业套管、油管、钻杆和用作套管或油管的管线管性能公式及计算》、GB/T 19830—2011《石油天然气工业 油气井套管或油管用钢管》、GB/T 21267—2007《石油天然气工业 套管及油管螺纹连接试验程序》、SY/T 6268—2008《套管和油管选用推荐作法》、Q/SY 1486《地下储气库套管柱安全评价方法》等相关行业标准进行分析评价，最终得出该井套管柱适用性结论。

进行套管强度评价需要收集或录取的资料如下：

（1）井史资料，包括钻井设计、地质设计、钻井日志、完井日志（完井地质资料）、生产日志（试油地质总结）、气/液分析化验报告等；

（2）老井再利用检测资料，包括试压报告、固井解释报告、四十臂井径成像+电磁探伤测井所测得的套管柱几何尺寸（直径和壁厚）等测井资料，测井数据应能反映全井段同一横截面多点套管直径与壁厚的变化数据、全井段套管裂纹、腐蚀坑数据等；

（3）从同一区块废弃井中取出的套管（长度 2~3m），通过室内实验准确掌握长期服役后套管材料强度的真实变化。

收集完上述资料后，由专业研究评价单位按照行业标准，开展老井生产套管柱的强度评价工作，评价内容主要包括以下 5 个方面：

（1）测井数据处理。全井段测井数据处理，将所测直径和壁厚值校正至同深同截面。

（2）几何尺寸分析。依据 GB/T 19830 和 Q/SY 1486 进行全井段测量数据的直径、壁厚、椭圆度以及不均度的计算分析，寻找套管柱尺寸和变形的薄弱点（带）。

（3）抗内压和抗外挤强度分析。依据 GB/T 20657，SY/T 6268 和 Q/SY 1486 标准进行全井段套管柱强度分析，确定套管柱结构抗内压和抗外挤强度薄弱点（带）位置。

（4）老井套管材料强度的折减。依据前期套管试验成果或同区块老井套管室内实验数据，对年代久远的老井套管的服役强度进行折减分析，使管柱强度分析结果更接近目前状况。

（5）API 螺纹的气密封性能分析。依据 GB/T 20657 和 GB/T 21267 标准对套管柱的气密封能力进行评价。

四、套管承压能力评价

储气库老井处理时需要对套管承压能力进行评价，套管承压能力评价主要以套管试压值为依据。对于封堵井而言，通过套管承压能力评价，一方面可以查找套漏点或未知射孔层，确认套管目前状态；另一方面也可以为封堵施工时最高挤注压力确定提供依据；对于再利用井而言，通过套管承压能力评价，可以确定其套管质量是否满足储气库运行工况要求。

当老井再利用为采气井或监测井时，需对老井生产套管用清水试压至储气库运行时最高井口压力的1.1倍或套管剩余抗内压强度的80%，如试压结果满足要求，则允许将老井再利用，否则需转为封堵井。

在现场实际操作时，要注意试压工艺的选择。笼统试压工艺简单，现场操作简便，但某些情况下，不能采用笼统试压方法。如建库储气层位较深，若试压至储气库井口最高运行压力的1.1倍时，虽然满足相关标准要求，但井底套管将承受超高压力，造成套管损坏，甚至可能会超过套管的抗内压强度。此时，需要采用分段试压的方法，即用封隔器对不同井段套管分别以不同压力值进行试压，各试压压力值与井筒内液柱压力相加达到储气库井口最高运行压力1.1倍压力值。

以某储气库为例，该气库设计井口运行压力为9~20MPa，根据标准需对再利用井套管试压至22MPa。某井为该储气库一口再利用监测井，井深2500m，储气层位深度2200m，油层套管为ϕ139.7mm，已完钻30年。对该井分段试压方法如下：

（1）首先将封隔器坐封于500m处，反挤清水22MPa对上部套管进行试压，此时作用在500m处套管的压力为27MPa，可以满足生产套管试压至储气库井口运行上限压力的1.1倍的要求，判断0~500m套管承压能力是否满足要求；

（2）然后将封隔器下放至1000m再坐封，反挤清水17MPa试上部套管，此时500m处套管承压值为22MPa，1000m处套管最高承压27MPa，可以判断500~1000m套管承压能力是否满足要求；

（3）封隔器下放至1500m再坐封，反挤清水12MPa试上部套管，此时

1000m处套管承压值为22MPa，1500m处套管最高承压27MPa，可以判断1000~1500m套管承压能力是否满足要求；

（4）以此类推，直至完成全部井段套管试压。

采用分段试压的方法对再利用井套管目前承压能力进行评价，可以保证评价结果的准确、客观，同时直观判断再利用井套管质量是否满足设计要求。

第三节 老井封堵工艺技术

储气库老井的风险点主要集中在井筒、储层以及管外环空，因此老井封堵应由井筒封堵、储层封堵和环空封堵3个重要部分组成。井筒封堵通常采用G级油井水泥注井筒水泥塞处理措施，而储层封堵和环空封堵主要采用高压挤堵的处理措施，所用堵剂体系主要是以超细水泥为主体并复配多种水泥添加剂的复合体系。

一、井筒封堵技术

1. G级油井水泥堵剂体系

储气库老井井筒封堵通常采用密度1.85g/cm³左右的G级油井水泥浆注长度不小于300m连续井筒水泥塞的方法。G级水泥浆固结后水泥石的渗透率和抗压强度将直接决定储气库老井井筒密封效果。

1）常规水泥石抗气渗能力

常规水泥石的抗气渗能力可以通过渗透率测定仪测定。将1.75~1.90g/cm³的G级油井水泥浆在20MPa压力条件下养护72h后，用渗透率测定仪分别测定不同密度岩心的气相渗透率和水相渗透率，结果见表5-1。

表5-1 常规G级水泥抗气渗、水渗能力试验数据

水泥心	岩心描述	长度（cm）	直径（cm）	气相渗透率（mD）	水相渗透率（mD）
A	G级水泥，密度1.75g/cm³	3cm	2.5	0.2075	0.0271
B	G级水泥，密度1.80g/cm³	3cm	2.5	0.0912	0.0145
C	G级水泥，密度1.85g/cm³	3cm	2.5	0.0465	0.0056
D	G级水泥，密度1.90g/cm³	3cm	2.5	0.0325	0.0032

由表 5-1 可以看出，随着水泥浆密度增加，各岩心气体渗透率和水相渗透率均呈下降趋势。实验数据同时说明，常规 G 级油井水泥在密度 1.85g/cm³ 的情况下其固化后的气相渗透率为 0.0465mD 甚至更低，可以满足储气库对堵剂体系气相渗透率小于 0.05mD 的相关规定要求，表明该密度下 G 级油井水泥石抗气渗能力较强，可以对老井井筒起到密封作用。

2）常规水泥石强度分析

水泥石的抗压强度直接决定着储气库老井的承压能力，若水泥石本体抗压强度不能有效承受井筒内的交变应力，将无法保证老井的封堵效果。为此，需要对常规 G 级油井水泥浆固化后的抗压强度进行评价。实验中将不同密度的 G 级水泥浆制成标准模块，置于 25MPa 环境下养护 1~3 天，分别测定其抗压强度值，实验结果见表 5-2。

表 5-2 常规水泥石抗压强度试验数据

水泥浆密度	抗压强度（MPa）		
（g/cm³）	1d	2d	3d
1.75	11	15.8	18.6
1.80	12.7	16.6	19.2
1.85	16.2	18.3	21.4

注：养护温度 90℃，压力 25MPa。

由表 5-2 可以看出，当水泥浆密度为 1.85g/cm³ 时，常规 G 级油井水泥在 90℃、压力 25MPa 环境下养护 1 天其抗压强度可以达到 16.2MPa（大于 14MPa 的相关规定要求），3 天抗压强度达到 21.4MPa，可见 1.85g/cm³ 的常规 G 级油井水泥具有较高的抗压强度。抗压强度在一定程度上可以反映出水泥石自身的抗水、气突破的能力。因此，常规水泥石本身具有较好的抗气体突破能力。

需要指出的是，水泥石的强度会随时间发生变化，一般认为，水泥抗压强度随时间的变化而逐渐衰竭，衰竭的速度受井筒环境的影响，即受到井温、酸碱度以及矿化度等的影响。在中低温、中性环境以及较低矿化度的条件下，水泥石强度的衰竭速度很低。

2. 井筒封堵工艺

储气库老井井筒封堵主要包括两个部分：一是储气层射孔井段底界至人工井底段的生产套管的密封处理，二储气层射孔井段顶界以上的生产套管的密封处理。这两部分井筒的封堵均采用 G 级油井水泥循环注井筒水泥塞的工艺方法。前者注塞井段一般要求为人工井底至储气层射孔井段以下 10~20m，后者则要求储气层射孔井段以上至少 300m，一般注塞至生产套管水泥返高以上 300m。

通过注井筒水泥塞，可以在井筒内形成有效屏障，防止注入的天然气通过井筒上窜至井口或下窜至其他非目的层，保障储气库安全运行，同时避免天然气地下窜流造成气体损失。

二、储层封堵技术

1. 堵剂体系及添加剂的优选

储层封堵的核心技术是堵剂体系，堵剂体系的综合性能将直接影响储层的封堵效果。因此，必须通过一系列室内实验筛选、调整、优化堵剂体系以及各种添加剂的合理配比以保证最佳封堵效果。

因储气库具有高低交变应力、多注采周期、长期带压运行的工况特点，老井封堵体系目前仍以超细水泥为主。主要原因是超细水泥注入性能好，可以顺利挤入地层，此外其固化后强度高，能够满足储气库注采循环交变压力要求。但是，必须合理添加一定比例的添加剂以优化超细水泥浆整体性能，才能保证封堵效果。

1) 封堵体系优选原则

（1）堵剂体系配制简单，需具有较好的可泵送性，便于现场施工；

（2）堵剂体系需具有良好的注入性，可有效封堵地层深部，保证封堵质量；

（3）堵剂体系需具备可控的稠化时间，可根据不同井况特点及施工时间预期进行调整；

（4）堵剂体系固化后具有较高抗压强度，满足储气库注采交变应力的长期作用；

（5）堵剂体系需具备优良的防气窜性及抗气侵性，可有效防止储气库注气后气窜、气侵现象的发生；

（6）强度抗衰退性能好，老化时间长，满足储气库长期运行要求。

2) 堵剂体系性能指标

老井封堵所用堵剂体系在保证施工安全的前提下，必须满足以下性能要求：

（1）堵剂体系游离液控制为 0，滤失量控制在 50mL 以内；

(2) 堵剂体系气相渗透率小于0.05mD；

(3) 沉降稳定性实验堵剂体系上下密度差应小于0.02g/cm³；

(4) 堵剂体系24~48h抗压强度应不小于14MPa；

3) 堵剂体系粒径的选择

表5-3列出了常用800目超细水泥的粒径分布范围，可以看出，其最大粒径小于30μm，平均7.34μm，而常规G级水泥平均粒径达到53μm。因此，超细水泥更容易进入储气层孔隙和裂缝当中；超细水泥比表面积大，达到16240cm²/g，而常规G级水泥比表面积只有3300 cm²/g。水化反应的程度要比常规水泥高，而水化程度的高低反应水泥石微观结构的密封性好坏，常规水泥颗粒较大，水化程度低，水泥颗粒之间存在不完整结合，一定程度上影响了常规水泥石的密封性。

表5-3 超细水泥粒径分布

水泥类型	超细水泥	高细水泥	G级水泥
粒径	最大粒径<30μm 90%以上的粒径<14.41μm 50%以上的粒径<6.52μm 平均为7.34μm	最大粒径<35μm 90%以上的粒径<21.4μm 50%以上的粒径<10.2μm 10%以上的粒径<4.2μm	最大粒径≥90μm 平均53μm
比表面积（cm²/g）	16240	6500	3300

超细水泥粒径范围将直接影响老井封堵效果，若选择粒径范围较大，水泥颗粒在注入过程中极容易堵塞储气层孔隙吼道，不能实现深部封堵，无法保证封堵效果；若选择粒径范围太小，水泥颗粒在注入压差的作用下被推送至地层深部，无法建立起有效封堵屏障，完全封闭储层。卡曼—可泽尼方程可以近似计算出孔喉直径，为选择合适粒径范围的堵剂提供参考。

卡曼—可泽尼方程表述如下：

$$D_c \approx 0.18 (K/\phi)^{1/2} \tag{5-1}$$

式中 D_c——孔喉直径，μm；

K——储层渗透率，mD（或10^{-3}μm²）；

ϕ——储层孔隙度。

此外，超细水泥的比表面积过大，水化速度快，容易出现"闪凝"现象，施工过程需要添加合适配比的缓凝剂及其他添加剂来控制堵剂体系的初凝时间，确保施工的安全性。

4）堵剂体系添加剂的优选

为确保堵剂能够顺利地挤入地层，除要求堵剂粒径与地层孔喉直径相匹配外，还要求堵剂本身具有良好的悬浮性能和流动性，静失水小；要有足够的稠化时间和较高的抗压强度，另外添加适量的助流剂、增韧材料、防气窜纳米材料，可以使配制的堵剂具有更好的流动性，提高其注入性能，可以有效地防止气窜、气侵现象的发生，显著提高封堵效果。

（1）降失水剂的优选。水泥浆在压力下流经渗透性地层时将发生渗滤，导致水泥浆液相漏入地层，这个过程通称为"失水"。如果不控制失水，液相体积的减少将使水泥浆密度增加，稠化时间、流变性偏离原设计要求，大量液体流入地层使水泥浆变得难以挤入地层，影响封堵效果。因此，通常在堵剂中加入具有降失水性的材料，从而控制水泥浆的失水量。

目前主要采用具有吸附、聚集及提高液相黏度双重作用的多功能悬浮剂作为堵剂体系的降失水剂。该体系的降失水性能可以通过实验进行评价。具体评价方法为：将多功能悬浮剂与超细水泥颗粒按 1：1.2~1：2.0 水灰比配制成封堵浆液，搅拌均匀后倒入 100mL 比色管中，放置到常温下静置 1h，观察体系的析水量。实验结果见表 5-4。

表 5-4 多功能悬浮剂能评价实验（常温）

多功能悬浮剂：超细水泥（水灰比）	静置 1h 后析水量（mL）
1：1.2	2.5
1：1.4	1.0
1：1.6	0
1：1.8	0
1：2.0	0

从实验结果可以看出，在相同降失水剂加量的情况下，随着水灰比的提高，水泥颗粒对自由水的包覆能力增强，水灰比达到 1：1.6~1：2.0 比例后，常温条件下静置 1h，其析水量均为 0mL。这表明多功能悬浮剂对较高水灰比的超细水泥颗粒悬浮性能好，可以有效地降低堵剂的静失水量，可以保证现场堵剂配制的质量。

（2）分散剂的优选。增大堵剂体系中颗粒的浓度，可以大幅提高封堵剂固化后的最终强度，从而提高储气库的承压能力。但随着超细水泥颗粒浓度的增加，堵剂的流动性也随之降低，当流动度降低到一定程度时，会使现场泵送困难。为改善堵剂浆体的流动性能，需要加入一定量的分散剂。

分散剂（又称减阻剂）是油井水泥外加剂中重要的一员，它可以在低水灰比下赋予水泥浆好的流动性和固化后的高强度。目前已成功应用的油井水泥分散剂主要有β-萘磺酸甲醛缩合物和磺化丙酮甲醛缩合物。β-萘磺酸甲醛缩合物是以萘为原料，通过磺化、缩合、中和等步骤合成得到，具有良好的分散能力，但产品中含有相当量的因中和过量硫酸而生成的硫酸钠，硫酸钠的存在会腐蚀水泥石；磺化丙酮甲醛缩合物是目前国内油井水泥分散剂中的主导产品，它是通过丙酮磺化、甲醛缩合得到的，具有良好的分散能力，使用温度可达150℃，是目前国内最好的高温油井水泥分散剂。

经过对目前常用分散剂如改性木质素聚羧酸、多酰胺类，β-萘磺酸甲醛缩合物和磺化丙酮甲醛缩合物等的筛选及评价，并综合考虑经济、环境及健康安全等各方面的因素，筛选出FSJ-01有机分散剂。

通过室内流动性评价实验，堵剂体系中加入一定量的FSJ-01有机分散剂可以显著改善堵剂体系的流动性，增加流动度，室内实验结果见表5-5。

表5-5 堵剂体系流动性评价实验

	分散剂加入量（%）	流动度（cm）
水灰比1:1.8	0	8.0
	0.5	9.5
	1	11.5
	1.5	15.5
	2	21.0
	2.5	23.5
	3	24.0

（3）缓凝剂的优选。目前油井水泥缓凝剂主要包括单宁衍生物、褐煤制剂、糖类化合物、硼酸及其盐类、木质素磺酸盐及其改性产品、羟乙基纤维素、羧甲基羟乙基纤维素、有机酸、合成有机聚合物等。为满足老井封堵施工过程对

堵剂体系稠化时间的要求，保证堵剂顺利挤入地层，避免出现堵剂过早稠化造成的工程事故，综合经济、安全、环保等各方面的因素，通过对目前常用缓凝剂的筛选评价，最终选定 HNJ-01 有机缓凝剂。

在模拟储层温度 80℃，压力 30MPa 条件下进行的稠化实验表明，堵剂体系中添加一定量的 HNJ-01 有机缓凝剂，可以使堵剂体系稠化时间延长至 3h 以上，从而满足老井封堵现场施工时间的要求，并且加入 HNJ-01 有机缓凝剂的堵剂体系还具有直角稠化的性能，可以有效避免堵剂体系固化过程中气侵现象的发生，保证老井封堵效果，实验结果如图 5-1 所示。

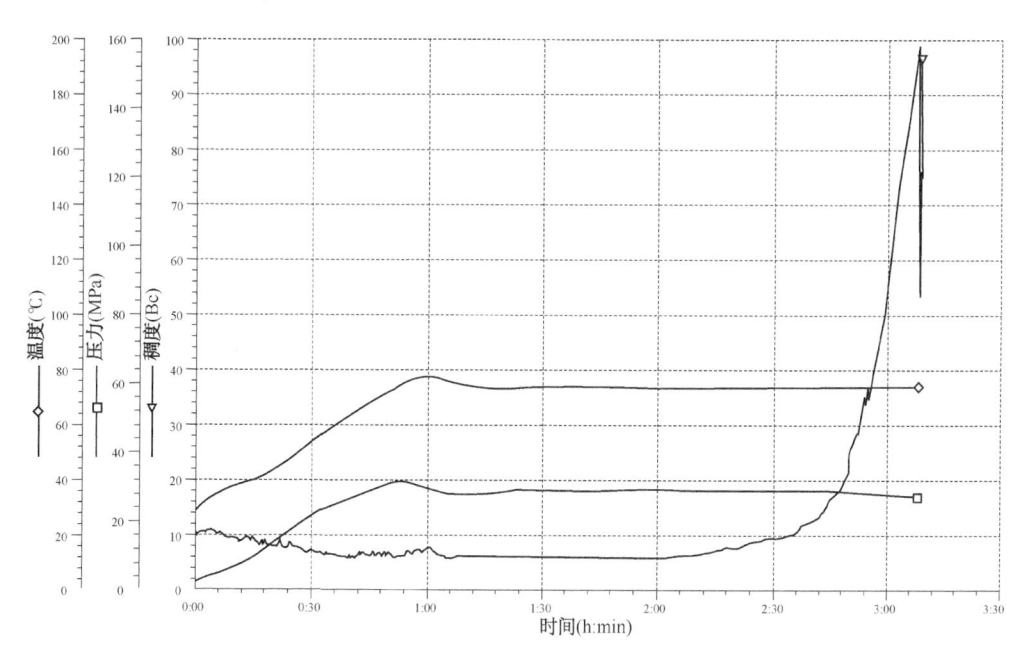

图 5-1 HNJ-01 有机缓凝剂稠化曲线

（4）防气窜剂的优选。井筒内堵剂如果在凝固过程中体积收缩或是当堵剂注入环空后，环空堵剂液柱静压力开始下降，当传递的压力低于地层气体压力时，气体就易于进入水泥浆内，使堵剂凝固后本体气相渗透率相对较高，为今后储气库的运行带来隐患。为避免此类问题，需要在堵剂中添加适量的防气窜材料。目前主要有 3 种防气窜材料：水泥膨胀类材料，如无水磺化铝酸钙、硫酸钙等；水泥发泡类材料，如三氧化二铝、各种活性发泡剂等；水泥填充类材料，如二氧化硅、橡胶粉等。

通过对目前常用防气窜剂的筛选及评价，并综合考虑成本、安全性等因素，筛选出 FQC-01 纳米防气窜剂，其主要是通过在颗粒材料中添加适量的纳米材料，填充颗粒之间的空隙，来改善堵剂的孔隙结构和致密性，降低堵剂的渗透性，从而提高固化后堵剂体系的防气窜性。

室内研究中可以将添加纳米防气窜剂的堵剂与普通堵剂在相同压差、不同密度条件下分别测定其固化后的气相渗透率，以此评价堵剂体系的防气窜性能，实验结果见表 5-6。

从实验结果可以看出，在相同密度条件下，添加纳米防气窜材料后的堵剂的气相渗透率可以降低两个数量级以上，固化强度稍有增加，表明堵剂体系中添加纳米防气窜材料，可以在增加堵剂体系的固化强度的同时显著提高堵剂体系的防气窜性能。

表 5-6 水泥石防气窜性能评价实验

样品名称	密度 （g/cm³）	试样尺寸 长度 （cm）	试样尺寸 直径 （cm）	试样尺寸 截面积 （cm²）	抗压强度 （MPa）	压差 （MPa）	气相渗透率 （mD）
堵剂+防气窜剂	1.65	2.53	2.49	4.87	26.88	35	0.0252
堵剂+防气窜剂	1.75	2.53	2.49	4.87	27.95	35	0.0183
堵剂	1.65	2.53	2.49	4.87	25.26	35	0.2305
堵剂	1.75	2.54	2.50	4.91	26.42	35	0.1565

注：养护温度 90℃，压力 25MPa，抗压强度为 72h 测定值。

（5）增韧材料的优选。水泥类堵剂固化后形成的水泥石为具有一定微观缺陷的脆性材料，并且其抗拉强度低。随着所受应力的增加，一旦断裂强度因子大于材料的断裂韧性，裂纹将迅速扩展，继而产生宏观的裂纹和裂缝，造成储气层内的气体沿着水泥塞裂纹或裂缝上窜。因此，改善水泥类堵剂的力学性能，增加水泥石的韧性和弹性，对防止井筒内水泥塞产生裂缝，消除储气库运行的安全隐患有重要的意义。

根据断裂力学原理和复合材料理论进行堵剂体系配方的设计，并通过一系列的室内实验，对常用的水泥增韧材料进行综合评价。研究发现有机富硅纤维和有机弹性颗粒作为复合增韧剂可以显著提高超细水泥固化后的抗折强度，表 5-7 为典型的堵剂体系柔韧性评价实验结果。

表 5-7 堵剂体系柔韧性评价实验

样品名称	密度（g/cm³）	试样尺寸 长度（cm）	试样尺寸 宽度（cm）	试样尺寸 高度（cm）	抗折强度（MPa）	抗压强度（MPa）
堵剂	1.65	16	4	4	4.5	25.26
堵剂	1.75	16	4	4	5.1	26.42
堵剂+复合增韧剂	1.65	16	4	4	5.5	24.45
堵剂+复合增韧剂	1.75	16	4	4	6.2	25.34

注：养护温度90℃，压力25MPa，抗折强度、抗压强度均为72h测定值。

从实验结果可以看出，与未添加复合增韧材料的堵剂相比，添加复合增韧材料的堵剂体系其抗折强度可提高约20%，但其抗压强度稍有降低。这是因为添加的复合增韧材料为塑性材料，堵剂体系的柔韧性会有大幅提高，相对而言抗压强度会受影响，但抗压强度下降值仍在可控范围之内，通过对堵剂体系性能的综合优化，其抗压强度仍然可以满足储气库运行压力的要求。

2. 堵剂体系综合性能评价

研究筛选堵剂体系的合理配比时，需要以建库储气层位的温度、压力、孔隙度、渗透率等储层物性等为依据，通过稠化时间、抗压强度、岩心实验和封堵性能评价等一系列室内实验对堵剂体系的综合性能进行评价。

经室内研究优化，在实验温度90℃条件下，堵剂体系的标准配比为：1000g超细水泥+556g多功能悬浮剂+16.68mL FSJ-01+11.12mL HNJ-01+30g FCQ-01。若实验温度发生变化，只需合理调整上述配比中HNJ-01有机缓凝剂的加入量即可。

1）稠化时间评价

稠化时间是指在特定实验温度条件下，配制成的堵剂体系稠度达到100Bc所用的时间，稠化时间的长短直接决定着老井封堵过程的施工安全。在90℃实验温度，25MPa实验压力条件下，将上述堵剂体系进行高温高压稠化实验，评价结果如图5-2所示。

从实验结果可以看出，在90℃实验条件下，上述堵剂体系稠化时间可以达到5h以上，可以使堵剂在浆体稠化之前顺利挤入地层，满足现场施工时间要求。从稠化曲线还可以看出，该体系具备直角稠化性能，可在一定程度上防止气侵。

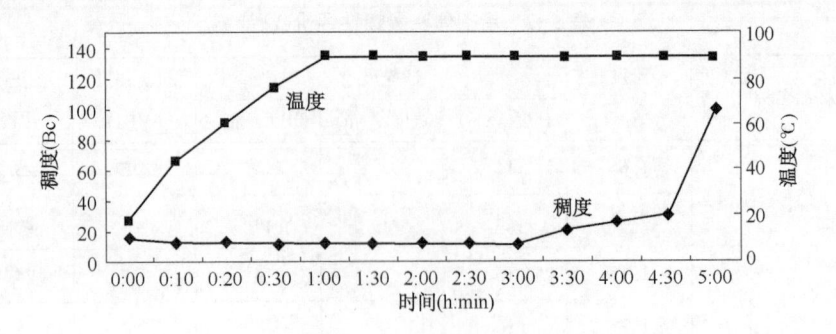

图 5-2 堵剂体系稠化曲线

2）抗压强度评价

堵剂体系固化后的强度是保证储气库老井长期、有效封堵的关键指标，固化强度越高，堵剂所承受的交变压差越大，发生气窜的可能性就越小，有效期就越长。

室内研究中将上述堵剂体系制成标准试块，置于温度90℃、压力25MPa环境条件下进行养护。养护结束后，分别测定1天、3天和28天的堵剂体系的抗压强度，以此评价堵剂体系的承压能力，实验结果见表5-8。

表5-8 抗压强度评价试验

养护时间（d）	抗压强度（MPa）				
	1#	2#	3#	4#	平均
1	18.95	18.88	18.76	18.29	18.72
3	25.75	26.06	26.26	26.87	26.23
28	28.62	28.54	28.33	28.46	28.49

注：养护温度90℃，压力25MPa。

从实验结果可以看出，该堵剂体系养护3天后平均抗压强度达26.23MPa，远远高于常规G级油井水泥21.4MPa抗压强度值，表明该堵剂体系固化后承压能力较强，可以有效保障储气库运行时高、低交变应力变化产生的生产压差。

3）注入性及封堵性评价

在老井封堵施工过程中，如果堵剂注入性差，就会造成施工压力过高，堵剂不能按设计量进入地层而导致措施有效期短，影响封堵效果。因此堵剂的注入性是保证堵剂可顺利挤入地层的一个重要指标。此外，堵剂固化后的封堵性能是决定储气库气密封性的关键，直接决定着储气库的使用寿命。

室内研究中采用岩心模拟评价仪对上述堵剂体系的封堵效果进行室内模拟、评价。在注入排量不变的前提下，分别测得不同渗透率范围的模拟岩心的注入压力、注入深度、气测渗透率等参数，以评价堵剂体系的注入性及封堵性。实验流程如图5-3所示，实验结果见表5-9。

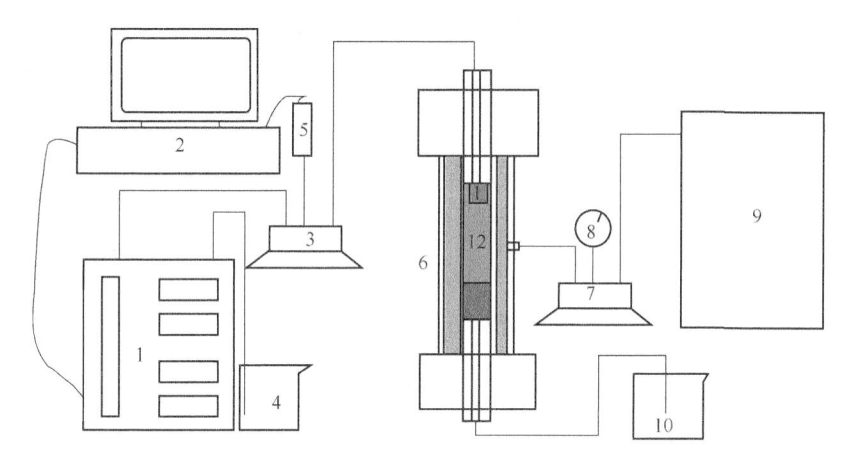

图5-3 堵剂注入性及封堵性实验装置示意图

1—平流泵；2—采集控制计算机；3—六通阀；4—水；5—压力传感器；6—岩心夹持器；7—环压表；8—环压泵；9—试管；10—增压片；11—水泥；12—岩心

表5-9 堵剂体系注入性评价实验

岩心编号	堵前气测渗透率（mD）	注入压力（MPa）	注入排量（mL/min）	注入深度（cm）	堵后气测渗透率（mD）	下降百分数（%）
1A	47.5	18~22	6	5.5	6.53	86.3
1B	46.9	18~22	6	5.8	6.17	87.1
2A	75.4	8~14	6	7.6	5.85	92.4
2B	73.2	8~14	6	7.9	5.76	92.1
3A	149.3	6~11.5	6	25.5	8.41	94.3
3B	147.8	6~11.5	6	27.8	8.32	94.4

从实验结果可以看出，该堵剂体系对不同渗透率范围的岩心均有良好的注入能力，随着渗透率的增大，注入深度明显增大。通过对比前后气测渗透率的变化

程度不难发现：挤注后的岩心气测渗透率下降明显，并且原始渗透率越高，下降幅度越大，表明该堵剂体系对气相介质具有很好的封堵性能，可以保证储气库老井的气密封效果。

3. 储层封堵工艺

储气库老井储层的封堵主要采用高压挤堵、带压候凝的施工工艺，即通过井口加压，将堵剂有效挤入封堵层，随后带压关井直至候凝期结束，这样可以避免在堵剂候凝过程中，水、气对堵剂的侵蚀，有效提高封堵质量。

通过高压挤注堵剂，可以在射孔层位附近获得一定的处理半径，堵剂固化后形成一道致密屏障，有效阻止注入天然气外泄。此外，高压挤注过程对管外水泥环和第一、第二界面的裂隙进行有效弥补，从而提高了管外密封效果。

经高压挤注后岩心端面的电镜扫描结果直观反映了储气库老井储层封堵效果。通过观察板中北储气库岩心（渗透率为137mD）和板876储气库岩心（渗透率16.8mD），高压挤注超细水泥后的微观结构不难发现：

(1) 挤注超细水泥后，岩心挤注端面水泥分布均匀（图5-4和图5-6），均形成了渗透性极低的水泥结膜，对端面进行了有效的封堵。

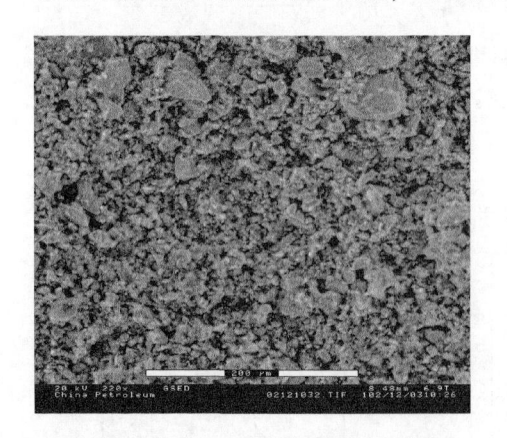

图5-4 板中北储气库岩心挤注端面情况　　图5-5 板中北储气库岩心挤注端面0.5cm的微观情况

(2) 相对板876储气库岩心而言，超细水泥更容易挤入板中北储气库岩心（图5-5、图5-7），说明其更容易进入中、高渗透岩心内部，并对岩心造成永久性堵塞。

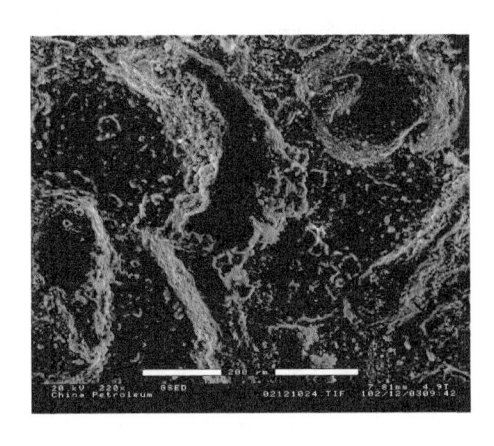

图 5-6　板 876 储气库岩心挤注端面情况　　图 5-7　板 876 储气库岩心挤注端面 0.5cm 微观情况

三、环空封堵技术

储气库范围内的老井大多数已有几十年历史，水泥环长时间经历压力、温度以及矿化度的影响，水泥环与地层以及水泥环与套管之间的胶结状况有所降低，容易在套管与水泥环、地层与水泥环之间出现微裂缝和微裂隙，尤其是在射孔层附近，受到射孔弹剧烈的冲击，射孔层附近水泥环会产生放射性裂缝。环空出现裂隙或裂缝主要在套管与水泥环、地层与水泥环的胶结面，同时水泥内部也有少量的微裂隙存在。

1. 堵剂体系挤注裂缝性能

堵剂体系能否顺利挤入管外水泥环的微裂缝，直接影响了其对管外环空的封堵效果。实验中将超细水泥堵剂、G 级水泥和 H 级水泥分别挤入 0.15mm 人造窄缝，计量通过体积，以此评价堵剂体系挤注窄缝的性能，实验结果见表 5-10。

表 5-10　堵剂体系通过 0.15mm 窄缝能力实验

样品	类型	添加剂	水泥浆体积（cm³）	通过的体积（cm³）	通过百分比（%）体积	通过百分比（%）质量
1	超细水泥堵剂	未添加	140	134	96	93.6
2	超细水泥堵剂	1%分散剂	140	137	98	96.7
3	超细水泥堵剂	2%分散剂	140	138	99	97.4
4	G 级水泥		140	23	16	16.3
5	H 级水泥		140	19	14	12.2

从实验数据可以看出，即使未添加分散剂的超细水泥堵剂其通过 0.15mm 窄缝的体积分别达到了 96%，添加 2% 分散剂后该数值达到了 99%，而普通 G 级和 H 级水泥通过体积只有 15% 左右，说明超细水泥具有很好的挤入裂缝能力。在挤注过程中，一部分超细水泥浆进入环空裂缝中，能够彻底封堵炮眼和因射孔或其他因素在储层周边形成的微细裂缝，从而对管外环空进行有效封堵。

2. 环空封堵工艺

储气库老井管外环空封堵主要依靠高压挤注堵剂封堵储气层的同时，对管外水泥环和第一、第二界面的裂缝、裂隙进行有效地弥补来实现。因超细水泥堵剂具有较强的穿透能力，向储气层高压挤注堵剂的同时，堵剂可以沿管外固井质量较差井段的微间隙上下延伸，从而提高了管外环空的密封效果。

若老井管外固井质量较差，环空封堵还可以通过锻铣套管来实现。当储气层顶界以上环空水泥返高小于 200m 或连续优质水泥胶结段小于 25m 时，应对储气层顶界以上盖层段进行套管锻铣，锻铣长度不小于 40m，锻铣后进行扩眼并注入连续水泥塞。但是，应谨慎采取锻铣套管工艺封堵，套管锻铣后井筒的完整性遭到破坏，不利于今后的应急抢险作业，尤其是对于大斜度井在钻塞抢险作业时，套管锻铣段容易划出新眼，使井况复杂化。

第四节　老井封堵工艺方法及参数优化

储气库老井的安全隐患主要有两个方面：一是注入的天然气沿固井水泥环第一和第二界面向上（下）运移，或沿着射孔孔眼窜入井筒，向非储气层位和井口运移，使天然气向非目的层或井口泄漏；二是封堵后的老井在储气库运行过程中由于应力的高低交替变化，造成固井水泥环、水泥塞破坏，使注入的天然气发生泄漏。因此，不管采用何种封堵工艺，均要求处理后的老井可以彻底封堵住气层位、非注气层位、管内井筒以及管外环空，有效防止层间窜气、井筒漏气以及环空窜气，保证储气库的整体密封性。

一、老井处理施工流程

储气库老井特点及封堵质量要求决定了其处理流程不同于常规井下作业修井施工流程。储气库老井处理施工过程严格遵循"由地面到地下，由井口至井筒，先测试后封堵"的处理原则。处理流程包含以下内容：

（1）修复井口。对于地面井口装置遭破坏的井需首先进行井口的修复，以满足安装井口装置和后续作业要求。

（2）处理井筒。指采用通井、刮削和各种大修工艺（如套铣、磨铣、钻铣、打捞等）将老井井筒进行清理的过程，一般需要将井筒清理至储气层以下20~30m。

（3）测井评价。按要求进行井口坐标复测、陀螺（或连续井斜）测井、固井质量测井、套管壁厚及套管内径检测、电磁探伤测井等项目。

（4）综合评价。对拟再利用井的套管剩余强度、固井质量、套管承压能力等进行综合评价，以评估老井目前状况是否满足储气库运行工况的要求，如评价结果不理想，则取消该井作为再利用井的方案，将其进行封堵处理。

（5）处理老井。对于需弃置的老井进行有效封堵；对于再利用老井按用途下入相应的完井管柱。

（6）恢复井场。对井口及作业井场按要求进行处理。

二、老井封堵施工工艺

目前所应用的老井封堵工艺方式多种多样，归纳起来主要有以下几种。

1. 循环挤注工艺

循环挤注工艺是将油管下到封堵层位的底界，将堵剂循环到设计位置，然后上提管柱，洗井后，井口施加一定压力使堵剂进入储气层的施工工艺。使用该工艺时，堵剂与地层接触时间较长，对堵剂整体性能要求高，施工过程也较为繁琐，不适合跨度较大的多层段地层的封堵。

2. 吊挤工艺

吊挤工艺是将油管下至待封堵层位顶界，施工过程先将堵剂顶替至油管内一定位置，然后关闭套管阀门，油管内施加一定的压力，将堵剂完全挤出油管，挤入地层；而后，为保证施工安全，再关闭油管阀门，打开套管阀门，继续反挤一定量液体，循环洗井后，关井候凝。该工艺虽施工中避免了起管柱，但对堵剂用量的控制必须相当精确，稍有不慎便会出现"插旗杆"或"灌香肠"等井下事故，且施工过程不可避免地会引起堵剂的返吐，不能实现带压候凝；另外也不适合跨度较大的多层段地层的封堵。

3. 插管式封隔器（桥塞）挤注工艺

插管式封隔器（桥塞）挤注工艺是将插管式封隔器（桥塞）坐封在待封堵层位的上部，然后下入带插管的油管，将插管插入封隔器（桥塞），此时单流阀开启，可对储气层进行高压挤注，挤注完成后，提出插管，封隔器的单流阀自动关闭，使挤注层段实现带压候凝，反循环洗井后，关井候凝。该工艺施工工序简单，针对性强，可实现带压候凝，有效防止堵剂返吐，提高封堵质量，但其对插管式封隔器（桥塞）胶筒的耐温性及抗老化性要求较高，尤其是在高温高压条件下应用时，对胶筒及其整体性能要求更为严格。

4. 电缆（钢丝）输送打塞工艺

电缆（钢丝）输送打塞工艺是一种新兴工艺方法，其是将特制的注灰器用电缆或者钢丝输送至目的层位，用机械或者爆炸点火的方式打开注灰器，将堵剂准确输送至目的层位的施工工艺。该施工工艺能显著缩短施工时间，节约成本，且注塞位置精确，施工过程不引起井内液面的变化，适合漏失井施工；另外，对于小夹层的封堵优势明显。

根据储气库的运行特点以及对老井封堵质量的要求，储气库老井封堵施工工艺应该优选循环挤注工艺和插管式封隔器（桥塞）挤注工艺，具体来说：对于单独射开储气层的井，如果储气层间跨度不大、层间非均质性不严重，应选用循环挤注工艺；而对于储气层与非储气层共存的井，如果各射孔层段之间跨度较大、储气层间非均质性严重或是射孔层位以上套管存在套损等问题，此时应选用插管式封隔器（桥塞）挤注工艺。

三、老井封堵施工步骤

储气库老井封堵总体施工步骤如下：

（1）压井。选用合适密度及类型的压井液压井，要求压井后进出口液性能一致，井口无溢流及明显漏失现象。

（2）安装防喷器。根据地层压力情况选用合适级别的防喷器，并按相关标准对防喷器进行试压，保证其处于良好工作状态。

（3）起原井管柱。如果井内有原井管柱（油管及抽油杆等生产管柱），则将原井管柱提出，起管过程中需严格控制速度，并根据井控要求及时灌注压井液，保持井内压力平衡，井口无溢流。

（4）通井。根据套管内径选用合适的通径规进行通井，确认目前井筒状况，落实有无套变、落鱼等复杂井况。若井筒内有复杂井况，则采取相应的大修处理工艺（如套铣、磨铣、钻铣、打捞等）将老井井筒进行清理，一般需要将井筒清理至储气层以下 20~30m。

（5）刮削。根据套管内径选用合适规格的刮削器进行井筒刮削，并在封隔器及桥塞坐封位置反复刮削 3 次以上直至悬重无变化。

（6）清洗井壁。用清洗剂（主要是油溶性表面活性剂）对套管内壁附着的油污进行清洗，要求干净、彻底；如清洗不彻底，套管壁残余油污会影响后期堵剂的胶结，使固化后的堵剂在套管壁附近形成微环空或缝隙，存在井筒气窜的风险。

（7）套管试压。将封隔器坐封在封堵层位上部 5~10m，对上部套管进行试压，试压值应达到或超过最高挤注压力值，避免挤注堵剂过程对上部套管造成破坏，同时验证上部套管的抗压强度。对于再利用井，需对老井生产套管用清水试压至今后储气库运行时最高井口压力的 1.1 倍。

（8）资料录取。采用 GPS 重新测定井口坐标；陀螺或连续井斜测井复测全井井眼轨迹；CBL/VDL，SBT 和 RIB 等常用测井手段进行全井固井质量检测，对于再利用井需要加测四十臂井径和电磁探伤测井，并进行套管质量综合评价。

（9）确定封堵体系。根据封堵目的层孔喉半径选取合适粒径范围的堵剂，并根据目的层的温度、压力等参数进行室内稠化模拟实验，确定堵剂配方。

（10）确定堵剂用量。根据挤注半径、射孔层位厚度、目的层有效孔隙度以及井筒内堵剂留塞高度来确定堵剂用量。

（11）确定封堵工艺。根据不同井况特点选取合适的封堵工艺。

（12）确定最高挤注压力。最高挤注压力通常设定为地层破裂压力的 80%，且不超过油层套管抗内压强度极限值，地层破裂压力可根据破裂压力系数进行推算。

（13）挤注目的层。根据确定的堵剂体系、封堵工艺及施工参数封堵目的层，候凝结束后应采用正向试压与氮气（液氮或汽化水等）掏空后反向试压相结合的试压方式验证封层效果。

（14）注井筒水泥塞。采用循环注塞工艺和带压候凝方式注井筒水泥塞，储气层顶界以上管内连续水泥塞长度应不小于 300m，一般来说应注到生产套管水泥返高位置以上。

（15）锻铣套管。如果前期固井质量检测管外水泥环不能满足要求，在盖层位置选取合适的井段锻铣油层套管 40m 以上，扩眼后加压挤注堵剂进行封堵。

（16）灌注保护液。为延缓套管腐蚀速度，同时提供液柱压力以避免漏失气体直接窜至地面，水泥塞上部井筒灌注套管保护液。

（17）下完井管柱。为保留弃置井应急压井功能，确保出现井筒窜气等异常情况能快速压井，弃置井封堵完井时应下入一定数量的油管作为压井管柱。

（18）封堵收尾。恢复井口采油（采气）树，油层套管、技术套管环空安装压力表，以便巡井观察。

（19）标准化井场。为了规范储气库弃置井的管理，保障储气库安全，同时确保当出现紧急情况时可实现应急作业，储气库封堵井井场和进场道路均需要保留，并进行井场标准化。

（20）建立定期巡井制度，定期记录油层套管、技术套管带压情况，做好备案。

四、老井封堵工艺参数优化

老井封堵施工中各相关参数设计是否合理，直接决定着老井的封堵质量。施工之前必须对各关键参数进行优化设计，以确保老井封堵质量达到设计要求。这些参数包括挤注压力、封堵半径、堵剂用量、井筒水泥塞长度等。

1. 挤注压力的确定

挤注压力直接影响老井的封堵效果，如果设定的挤注压力太低，堵剂不能完全挤入地层，将会降低封层效果；如果设定的挤注压力太高，易使生产套管破裂，无法准确向目的层挤注堵剂，严重时还会压裂地层，造成堵剂大量漏失，无法保证封堵效果。

最高井底压力原则上不应该超过地层的破裂压力，为安全起见通常设定井底压力为地层破裂压力的 80%，且不超过油层套管抗内压强度极限。最高挤注压力可通过式（5-2）确定：

$$p_{挤} = p_{井底} - p_{液柱} + p_{摩阻} \qquad (5-2)$$

式中　$p_{挤}$——最高挤注压力，MPa；

　　　$p_{井底}$——最高井底压力，MPa；

$p_{液柱}$——井内压井液液柱压力，MPa；

$p_{摩阻}$——压井液与套管壁之间摩擦阻力，MPa。

因挤注施工一般用清水，而且以低排量进行挤注，故摩阻压力可以忽略不计。

2. 封堵半径的确定

从理论上来说，封堵半径越大，其封堵效果越好，但封堵半径受地层物性和工程因素的制约。要设计合理的封堵半径还必须综合考虑以下几点因素：

（1）封堵目的层的孔隙度、渗透率等原始地层物性情况。

（2）固井时第一界面和第二界面可能存在弱胶结情况，为获得较大处理半径而采用高压挤注时，存在破坏第一、第二界面得危险，影响整体封堵质量。

（3）由于长期开采，目前地层压力比原始地层压力要低得多，地层孔隙会有一定程度的闭合，孔隙度、渗透率会降低，造成堵剂不易进入地层深部。

综合考虑上述因素，为保证堵剂能顺利挤入地层，起到有效封堵目的层的作用，一般设计封堵半径为 0.5~0.7 m。这与实际统计的部分储气库老井实际封堵半径是一致的，表 5-11 为国内部分储气库老井挤注半径统计情况。这些储气库均已运行多个注采周期，迄今还未发现老井漏气现象，这说明 0.5~0.7m 的设计处理半径是合理的，可以保证储气库的整体密封性和运行安全要求。

表 5-11 部分储气库老井挤注半径统计表

区块	井号	最高施工压力（MPa）	挤入堵剂量（m³）	封堵半径（m）
板中南、板中北	板深 5-1	20	2.7	0.67
	板 856	20	8.3	0.74
	板 845	20	6.5	0.56
	板 810	19.5	5	0.74
板 808、板 828	板 806	20	9.8	0.7
	板 829-7	20	5.4	0.6
	板 852-4	23	8	0.55
	板 852-1	17	10.5	0.65
	板 808-1	23	9	0.65

续表

区块	井号	最高施工压力（MPa）	挤入堵剂量（m³）	封堵半径（m）
京58	58-3	20	4.9	0.86
	58-8	20	4.0	0.76
	58-19x	20	5.8	0.85
	58-22x	20	5.3	0.81
	58-28	20	3.6	0.62
	58-6	18	3.8	0.83
	58-14	20	2.9	0.87
	58-16	19	3.5	0.79

3. 堵剂用量的确定

老井封堵施工中堵剂用量的确定需根据挤注半径、射孔层位厚度、地层有效孔隙度以及井筒内堵剂留塞高度来确定。堵剂的理论用量可以根据式（5-3）确定：

$$V_{剂} = \pi (R^2 - r^2) H\phi + \pi r^2 h \tag{5-3}$$

式中　$V_{剂}$——封堵施工所需堵剂的理论用量，m³；

　　　R——封堵半径，m；

　　　r——井筒半径，m；

　　　H——射孔层位有效厚度，m；

　　　ϕ——射孔层位有效孔隙度，%；

　　　h——井筒内堵剂留塞高度，m。

现场确定用量时一般还应附加30%~50%，并且根据封堵目的层吸收量的大小对计算用量进行优化调整。

4. 井筒留塞高度的确定

封堵射孔井段时，井筒内留塞高度目前国内没有统一的标准。美国有关报废井作业的标准中规定：对有套管的废弃井用水泥封堵射孔井段时，井筒内水泥塞的位置从射孔井段以下15.24m（50ft）至射孔井段以上15.24m。初期，国内储气库废弃井封堵射孔井段时，井筒内留水泥塞高度不少于50m。近年来，国内实际施工中，射孔层位以上连续水泥塞的高度一般执行"储气层顶界以上管内连续水泥塞长度应不小于300m"的规定。

第五节 储气库老井处理技术应用效果

自2000年国内第一座大型城市调峰储气库——大港大张坨储气库投入运行以来，截至2013年底，大港地区先后建成了大张坨、板876、板中北、板中南、板808、板828以及板南等7座地下储气库，共封堵老井112口，储气库老井处理技术也日臻完善。采用该技术使储气库老井得到了有效的处理，保证了储气库的安全运行。以板中南储气库为例，论述老井处理技术应用效果。

一、老井基本情况

板中南储气库涉及老井34口，其中单采储气层的井有6口，与其他层合采的井有16口，开发其他层位的井（过路井）有12口。按照地质要求，有4口井需再利用，其余30口井均需进行封堵处理。

这34口老井均为20世纪70—80年代开发的井，使用年限最长的达到30年，且大部分水泥返高为2400m左右，离储气层（2500~2750m）较近，而且固井的质量普遍较差。

这些老井中，有13口老井井筒情况复杂，给老井处理带来一定难度，其余老井资料齐全，井筒内无落物、套变等复杂情况。

表5-12 板中南储气库老井分类统计表

井型	小 修 井	大 修 井
常规封堵井	板844、板深5-1、板57、板867、板856-1、板中11-2、板864-1、板中2、板856、板864、板中11-1、板4、板10-28、板中8、板深701、板新22、板810、板新中11、板40×2	板855、板866、板中10、板842、板20、板中9、板843、板中6、板857、板845、板深34
再利用井	板15、板中17	板16、板中7
小计（口）	21	13
合计（口）	34	

二、老井处理分类

1. 封堵井

根据板中南储气库储气层特点，采用高压分层挤注工艺封堵井筒内所有射开层位，井筒内注多级水泥塞封堵井筒，切断天然气从地层到井筒、井筒到井口的泄漏通道。具体处理工艺为：

(1) 提出井内生产管柱；

(2) 通井、刮削、洗井；

(3) 复测井眼轨迹及井口坐标；

(4) 复测射孔层位以上生产套管固井质量；

(5) 射孔井段以上套管试压，落实有无套漏和新射开层位；

(6) 对储气层以下到井底之间挤注普通水泥塞并进行试压；

(7) 采用超细水泥堵剂高压分层挤堵所有射开层位，候凝后探塞面、试压；封堵储气层位时，如储层跨度小，则采取"先提后挤，带压候凝"的循环注水泥工艺；储层跨度大则下插管挤水泥桥塞高压挤注，防止堵剂反吐；考虑到套管质量使用年限长，最高施工压力确定为 20MPa，下桥塞挤注时最高施工压力 35MPa；

(8) 注普通水泥塞至油层套管水泥返高以上 300m，并对水泥塞试压；

(9) 水泥塞上部井筒灌注套管保护液；

(10) 安装简易井口及压力表，并定期检查井口带压情况。

封堵后井筒状况如图 5-8 所示。

2. 再利用井

对于再利用井，将井筒清理之后，经过综合评价，将非利用层位挤注水泥，留下目的层；如目的层未射开，则射开目的层，最后根据再利用的目的下入相应的完井管柱，井口安装采气树及压力表。

图 5-9 为老井作为监测井的完井管柱示意图。

三、老井封堵效果评价

板中南储气库共进行老井封堵 30 口，通过对封堵施工相关参数的分析（表 5-13）可以看出，这些井经过 20MPa 压力的高压挤注，大多获得了 0.5~0.7m

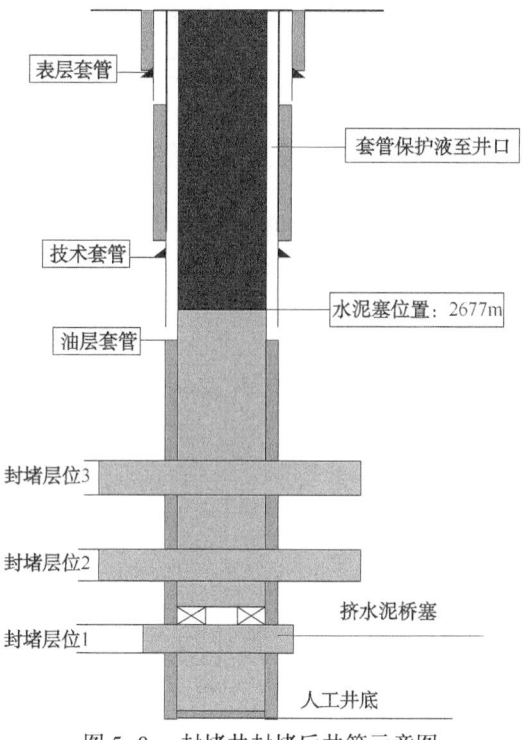

图 5-8 封堵井封堵后井筒示意图

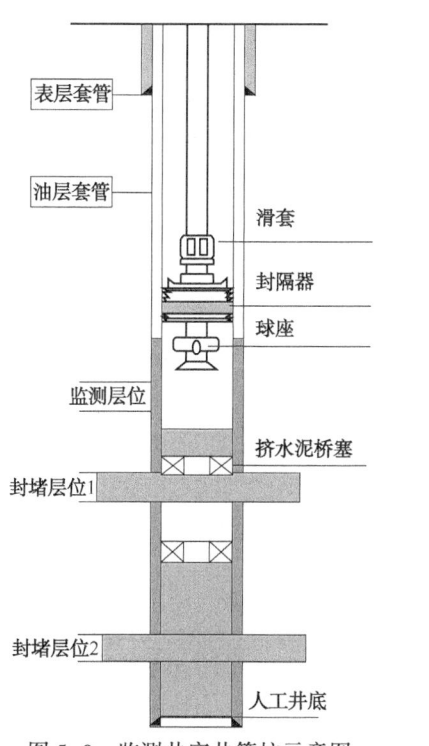

图 5-9 监测井完井管柱示意图

的有效处理半径。板中南储气库自2005年建成投产以来,已经连续运行了10个注采周期,运行周期内储气层最高运行压力为30.5MPa。通过对封堵井井口压力的长期观察,这些井均未发现井口带压现象,表明老井封堵工艺技术可行,封堵效果可以保证储气库在交变压力条件下长期运行安全。

表5-13 板中南储气库部分老井封堵效果统计

井号	堵剂用量（m³）	最高施工压力（MPa）	封堵半径（m）	目前状态
板866	4.9	20	0.45	井口无压力
板842	2.1	20	0.48	井口无压力
板中6	4.5	18	0.48	井口无压力
板中9	3.15	20	0.61	井口无压力
板844	5.8	15	0.8	井口无压力
板深5-1	2.7	20	0.67	井口无压力
板867	7.63	10	0.53	井口无压力
板857	8.12	19.5	0.53	井口无压力
板856-1	8.26	14	0.68	井口无压力
板20	7.48	19.5	0.64	井口无压力
板中11-2	4.53	20	0.42	井口无压力
板864-1	4.38	20	0.5	井口无压力
板中2	4.5	20	0.49	井口无压力
板856	8.3	20	0.74	井口无压力
板845	6.5	20	0.56	井口无压力
板中4	4.24	20	0.69	井口无压力
板843	2.5	23.5	0.54	井口无压力
板10-28	4.07	20	0.55	井口无压力
板深34	7	19	0.61	井口无压力
板中17	1.6	20	0.48	井口无压力
板中8	1.7	20	0.54	井口无压力

续表

井号	堵剂用量 (m³)	最高施工压力 (MPa)	封堵半径 (m)	目前状态
板深 701	3.68	11.5	0.79	井口无压力
板新 22	4.36	11	0.4	井口无压力
板 810	5	19.5	0.74	井口无压力
板新中 11	4	20	0.62	井口无压力
板 15	8	25	0.67	井口无压力
板中 10	5.82	20	0.5	井口无压力

参考文献

[1] 钻井手册编写组. 钻井手册 [M]. 北京：石油工业出版社，2013.

[2] 李克向. 保护油气层钻井完井技术 [M]. 北京：石油工业出版社，1993.

[3] 孙明光，等. 钻井、完井工程基础知识手册 [M]. 北京：石油工业出版社，2002.

[4] 赵金洲，张桂林. 钻井工程技术手册 [M]. 北京：中国石化出版社，2005.

[5] 高连新，张毅. 管柱设计与油井管选用 [M]. 北京：石油工业出版社，2013.

[6] 肖学兰. 地下储气库建设技术研究现状及建议 [J]. 天然气工业，2012，32（2）：79-82，120.

[7] 宋杰，刘双双，李巧云，等. 国外地下储气库技术 [J]. 内蒙古石油化工，2007（8）：209-212.

[8] 杨再葆，张香云，邓德鲜，等. 天然气地下储气库注采完井工艺 [J]. 油气井测试，2008，17（1）：62-65，68，78.

[9] 谭羽非，林涛. 凝析气藏地下储气库单井注采能力分析 [J]. 油气储运，2008，27（3）：27-29，62，67.

[10] 布朗 KE. 升举法采油工艺 [M]. 北京：石油工业出版社，1990.

[11] 杨川东. 采气工程 [M]. 北京：石油工业出版社，1997.

[12] 万仁溥. 现代完井工程 [M]. 北京：石油工业出版社，2000.

[13] 陆大卫. 油气井射孔技术 [M]. 北京：石油工业出版社，2012.

[14] 王建军. 地下储气库注采管柱密封试验研究 [J]. 北京：石油机械，2014，42（11）：170-173.

[15] 廖锐全，张志全. 采气工程 [M]. 北京：石油工业出版社，2003.

[16] 李士伦. 天然气工程 [M]. 北京：石油工业出版社，2000.

[17] 马晓明，赵平起. 地下储气库设计实用技术 [M]. 北京：石油工业出版社，2011.

[18] 四川石油管理局. 天然气工程手册 [M]. 北京：石油工业出版社，1982.

[19] 聂海光，王新河. 油气田井下作业修井工程 [M]. 北京：石油工业出版社，2004.

[20] 胡博仲. 油水井大修工艺技术 [M]. 北京：石油工业出版社，1998.

[21] 赵敏，徐同台. 保护油气层技术 [M]. 北京：石油工业出版社，1995.

[22] 张东军，张晓辉，等. 大张坨储气库老井封井技术 [J]. 试采技术，2004，25（2）.

[23] 张平，刘世强，等. 储气库区废弃井封井工艺技术 [J]. 天然气工业，2005，25（12）.

[24] 赵福麟. 油田化学 [M]. 东营：石油大学出版社，2000.

[25] 吴建发，钟兵，罗涛. 国内外储气库技术研究现状与发展方向 [J]. 油气储运，2007，26（4）：1-3，62-63.

[26] 熊春明，唐孝芬. 国内外堵水调剖技术最新进展及发展趋势 [J]. 石油勘探与开发，2007，34（1）：83-88.
[27] 殷艳玲，张贵才. 化学堵水调剖剂综述 [J]. 油气地质与采收率，2003，10（6）：64-66，9.
[28] 赵福麟. 采油用剂 [M]. 东营：石油大学出版社，1997.
[29] 黄河福，步玉环，王瑞和. 固井防窜剂的优选试验研究 [J]. 石油钻探技术，2006，34（6）：42-44.